DAS KOSMOS BUCH
DER
TECHNIK

RAINER KÖTHE

SO FUNKTIONIERT'S:
VON 3D-DRUCK
BIS MARSROBOTER

KOSMOS

INHALT

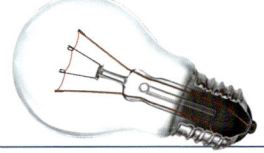

HANDWERK UND INDUSTRIE

STADT UND LAND

HIGHTECH

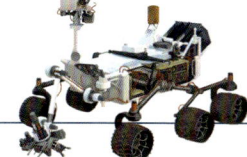

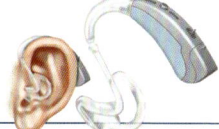

MEDIZIN

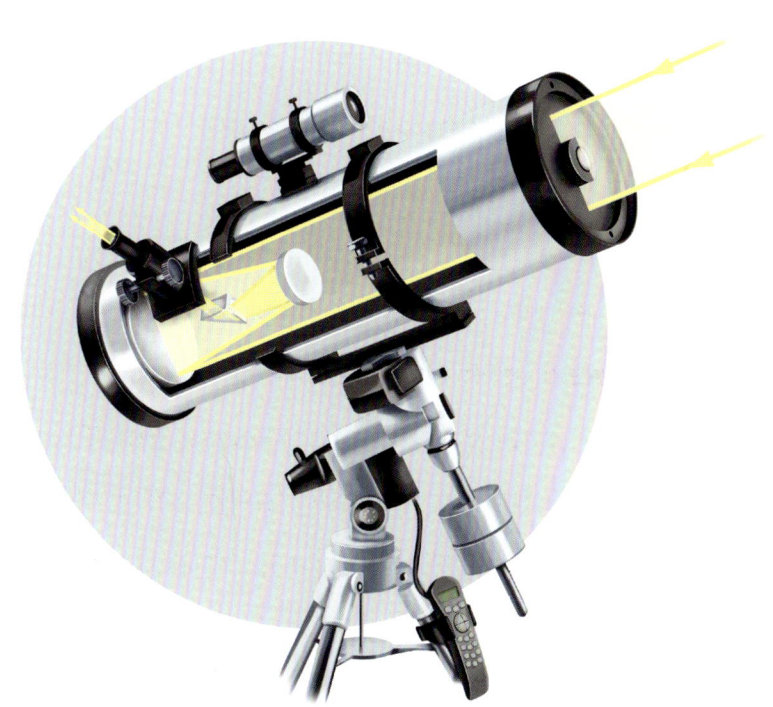

WÄRME UND LICHT

Besonders im Winter möchte man es im Haus warm und hell haben. Statt in jeden Raum einen Ofen zu stellen, hat man heute meist Zentralheizungen und elektrisches Licht.

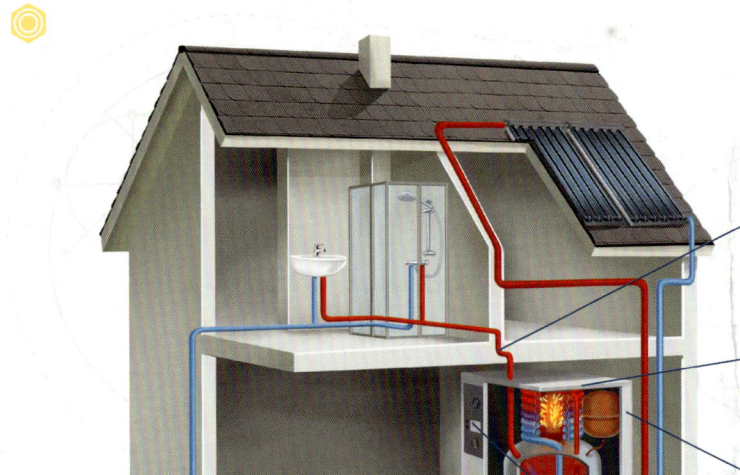

Ein besonderes Röhrensystem versorgt die **Wasserhähne** mit kaltem Wasser aus der Wasserleitung und mit heißem Wasser, das zuvor im Heizungskessel erhitzt wurde.

Gas- oder Ölflammen erhitzen das Wasser im Kessel.

Das **Membranausdehnungsgefäß** gleicht Druckschwankungen im Heißwasserkreislauf aus.

Die **Heizungssteuerung** sorgt dafür, dass das Kesselwasser immer ungefähr die gleiche, vorher eingestellte Temperatur hat. Sinkt sie zu stark, schaltet die Steuerung kurzzeitig die Flammen ein, um nachzuheizen.

Das **Thermostatventil** hält die Temperatur konstant, indem es je nach Bedarf viel oder wenig Heißwasser durch den Heizkörper strömen lässt.

Die **Umwälzpumpe** drückt das Warmwasser in Leitungen. Es fließt zu jedem der Heizkörper, gibt dort Wärme ab und strömt abgekühlt zurück in den Kessel.

KLIMAANLAGE

Nicht immer will man heizen: An heißen Tagen können mit Strom betriebene Klimaanlagen Räume kühlen. Sie sammeln Wärme aus dem Raum, senken so die Raumtemperatur und befördern die Wärme ins Freie.

HOLZPELLETHEIZUNG

Statt Öl oder Gas werden hier fingergroße, aus Holzspänen gepresste Brocken verbrannt. Das ist besonders umweltfreundlich.

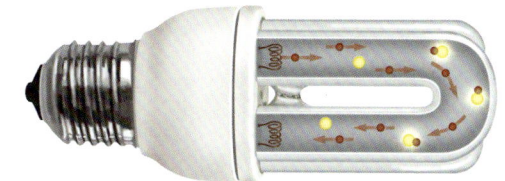

LEUCHTSTOFFLAMPE/ENERGIESPARBIRNE

Die langen Leuchtstoffröhren und die kleineren Energiesparbirnen enthalten eine kleine Menge Quecksilber. Bei Stromfluss nehmen dessen Atome elektrische Energie auf und strahlen sie als unsichtbares „ultraviolettes Licht" (UV-Licht) wieder ab. Eine Beschichtung auf der Innenwand der Röhre wandelt das UV-Licht in sichtbares Licht um.

HALOGENBIRNEN

Diese Art Glühbirnen enthalten einen Stoff, der die Haltbarkeit des Glühfadens erhöht. So kann er stärker erhitzt werden und leuchtet heller und weißer.

SOLARHEIZUNG AUF DEM DACH

Selbst an kühlen Tagen kann man Sonnenwärme nutzen. Sie wird dazu in schwarzen Solarmodulen aufgefangen, die mit wassergefüllten Röhren durchzogen sind. Die Sonne heizt das Wasser auf; die Wärme wird dann zum Heizen genutzt.

Hell und weniger hell

Lichtquellen gibt es in unterschiedlicher Stärke. Ihre Helligkeit wird in Lumen gemessen. Je höher die Lumenzahl einer Birne, desto heller leuchtet sie.

Kristall

Plastikumhüllung

Stromzuführung

LED-LAMPE

LED ist die Abkürzung für die englische Bezeichnung *Light Emitting Diode*, was man am besten mit Leuchtdiode übersetzt. Diese enthält einen kleinen Kristall aus speziellem Material, das bei Stromdurchfluss Licht aussendet. LEDs sind besonders sparsam, klein und werden kaum warm. Mehrere von ihnen findet man in Beleuchtungskörpern für das Haus, aber auch in Autoscheinwerfern, Straßenlaternen, Taschenlampen und Lichtbändern sowie als farbige Anzeigeleuchten in elektronischen Geräten.

GLÜHLAMPE

Hier leuchtet ein zu einer Wendel geformter Draht, den der elektrische Strom zur Weißglut bringt. Der Glaskolben und dessen Gasfüllung sorgen für Schutz und lange Haltbarkeit der Glühwendel. Da Glühbirnen nur einen kleinen Teil der elektrischen Energie in Licht umsetzen (den weitaus größeren Teil in Wärme), ersetzt man sie zunehmend durch andere Leuchtkörper, vor allem durch LED-Lampen.

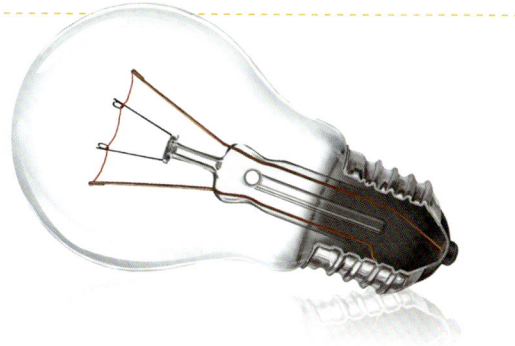

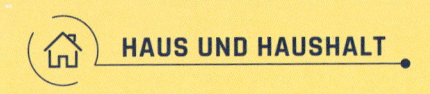

UNTER STROM

Wie notwendig für uns elektrischer Strom ist, merken wir meist erst, wenn er mal wegbleibt. Wir nutzen elektrische Energie im Haus für eine Fülle von Aufgaben. Sie treibt diverse Hausgeräte, speist Fernseher und Computer und vor allem sorgt sie für elektrisches Licht. Meist kommt der Strom durch unterirdisch verlegte Kabel ins Haus. Dort durchläuft er zunächst einen Kasten mit Sicherungen und dem Stromzähler und wird dann mit Elektrokabeln zu den Steckdosen und Stromverbrauchern im Haus geleitet.

SICHERUNGSKASTEN

Bei defekten Geräten oder Kabeln kann ein Kurzschluss auftreten. Dabei nimmt der Strom eine gefährlich hohe Stärke an. Sicherungen unterbrechen dann sofort den Stromfluss, bevor Kabel heiß werden und Brände auslösen.

Elektrische Spannung

So wie Wasser mit viel oder wenig Druck aus dem Hahn fließen kann, erzeugen Stromlieferanten auch elektrischen Strom mit unterschiedlichem „Druck". Man nennt diese Eigenschaft elektrische Spannung und misst sie in Volt (V). Je höher die Voltzahl, desto kräftiger, aber auch gefährlicher ist der Strom. Eine Batterie liefert Strom mit wenigen Volt (zwischen 1,5 V und 12 V). Steckdosenstrom dagegen hat 230 V. Ein Stromverbraucher, also etwa eine Lampe oder ein Gerät, darf nur an eine Stromquelle mit der richtigen Spannung angeschlossen werden.

Sicherungen

FI-Schalter

STROMZÄHLER

Der Stromzähler misst die Menge des im Haus verbrauchten Stroms. Die Maßeinheit ist Kilowattstunden (kWh). Der angezeigte Wert ist die Berechnungsgrundlage für die Stromrechnung vom Elektrizitätsversorger.

FI-SCHALTER

Dieses Gerät im Sicherungskasten überwacht jeden Stromkreis. Wenn wegen eines Defekts ein Teil des Stroms einen falschen Weg nimmt – eventuell durch einen menschlichen Körper – unterbricht der FI-Schalter blitzschnell die Stromzufuhr.

ELEKTROKABEL

Strom fließt sehr gut durch Metall, weniger gut durch Wasser und praktisch gar nicht durch Kunststoff. Daher nutzt man Drähte aus Metall (meist Kupfer), um Strom zum gewünschten Ort zu leiten. Jede Leitung und zudem das gesamte Kabel ist mit Kunststoff ummantelt (isoliert), damit man es gefahrlos anfassen kann und sich die Drähte nicht berühren.

STROMKREIS

Strom fließt nur im Kreislauf: von der Stromquelle (etwa Batterie oder Steckdose) hinein ins Gerät, wieder heraus und zurück zur Stromquelle. Jedes Elektrogerät hat daher zwei Anschlüsse. Man kann den Stromfluss steuern, indem man einen Stromkreis an einer Stelle öffnet oder schließt. Das ist die Aufgabe eines Schalters.

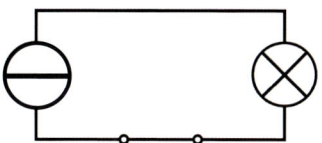
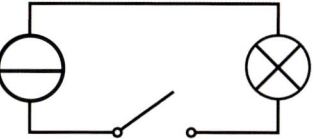

STROMGEFAHR

Starker Strom, etwa aus der Steckdose oder einem defekten Gerät, kann im Körper großen Schaden anrichten. Deshalb darf man stromführende Drähte auf keinen Fall berühren, nicht ohne entsprechende Kenntnisse an elektrischen Anlagen oder Geräten herumbasteln oder andere Dinge als Stecker in eine Steckdose stecken: Lebensgefahr!

BLITZSCHUTZ

Wenn ein Blitz einschlägt, erzeugt er kurzzeitig Ströme mit gewaltig hoher Stärke. Sie können im Freien Menschen und Tiere töten und Bäume zersplittern. Im Haus werden durch einen Blitzeinschlag Elektrogeräte zerstört, oft Kabel aus der Wand geschleudert oder Brände ausgelöst. Daher schützt man Häuser mit Blitzableitern.

STROMKREIS

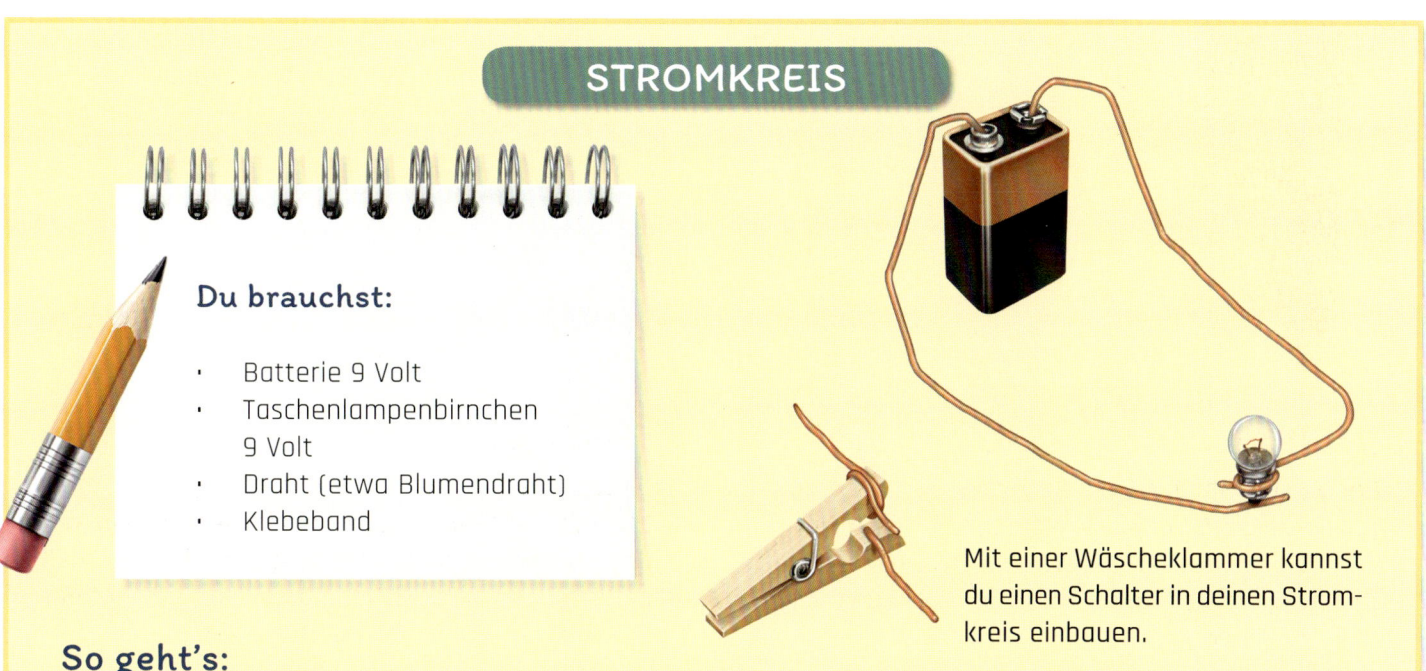

Du brauchst:

- Batterie 9 Volt
- Taschenlampenbirnchen 9 Volt
- Draht (etwa Blumendraht)
- Klebeband

Mit einer Wäscheklammer kannst du einen Schalter in deinen Stromkreis einbauen.

So geht's:

Verbinde einen Anschluss (Pol) der Batterie durch einen Draht mit einem Metallteil des Birnchens. Dazu musst du etwaige Isolierung am Draht abkratzen, sodass das Metall glänzt, und ihn mit Klebeband befestigen. Das Lämpchen wird nicht leuchten. Drücke nun das andere Metallteil gegen den zweiten Batterieanschluss. Nun strahlt das Birnchen auf, weil der Stromkreis geschlossen ist: Der Strom fließt aus einem Batteriepol durch den Draht zum Lämpchen und durch den anderen Anschluss wieder zurück.

DAS INTELLIGENTE HAUS

Heute kann man zahlreiche elektronische Geräte und Hauseinrichtungen zusammenschließen und so den Komfort und die Sicherheit eines Hauses erheblich steigern.

Überwachungskameras schicken je nach Einstellung in gewissen Abständen Bilder übers Internet an den Hausbesitzer. Zudem reagieren sie auf Bewegungen und senden dann Alarm-E-Mails mit Bildern.

Eine **Lampe mit Bewegungsmelder** schaltet das Licht ein, wenn sich in der Nähe etwas bewegt.

Automatisches Garagentor Es öffnet sich, wenn der Fahrer kurz vor Erreichen des Grundstücks per Funk einen verschlüsselten Befehl sendet.

Fenster- und Türfühler prüfen, ob offen oder geschlossen ist und ob jemand eindringen will. So kann die Zentrale bei Einbruchsversuchen Alarm schlagen und zudem den Hausbesitzer beim Weggehen vor nicht verschlossenen Fenstern warnen.

Rollläden können je nach Wetter und Tageszeit von der Zentrale geöffnet und geschlossen werden.

Zahlenschloss Nicht jeder darf einfach ins Haus. Nur wer die richtige Code-Nummer ins Zahlenschloss eintippt oder einen speziellen RFID-Chip (S.128) bei sich trägt, wird hineingelassen.

RAUCHMELDER

Bei Wohnungsbränden kommen mehr Menschen durch den giftigen Rauch um als durch die Flammen. Deshalb sind Rauchmelder vorgeschrieben. Eine Leuchtdiode schickt unsichtbares infrarotes Licht in eine offene Kammer, in der es einen Lichtsensor gibt. Bei klarer Luft trifft den Lichtsensor kein Licht. Sind Rauchteilchen in der Luft, streuen sie das Licht und das Streulicht aktiviert den Sensor. Ein Alarmton wird aktiviert und warnt die Bewohner.

Temperaturfühler messen die Temperatur in jedem Raum.

Gasfühler spüren gefährliche Gase in der Luft auf, etwa wenn eine Gasleitung undicht ist.

Wasserstandsmelder schlagen Alarm, wenn sich etwa bei starkem Regen oder einem Wasserrohrbruch Wasser auf dem Fußboden ansammelt.

Lichtschranken durchziehen jeden Raum mit unsichtbaren Lichtstrahlen und schlagen Alarm, wenn jemand sie unterbricht – z. B. ein Einbrecher.

Zentralsteuerung Hier laufen die Daten zusammen, die die im Haus verteilten Fühler (Sensoren) per Funk oder Kabel übermitteln. Ein zentraler Computer wertet sie aus und steuert danach Heizung oder Rollläden oder schlägt bei Einbruch Alarm. Zudem stellt er die Verbindung zum Internet her. Er weiß auch, ob ein Bewohner im Haus ist und reagiert entsprechend. Der Hausbesitzer kann auch übers Internet vor seiner Rückkehr Licht einschalten, die Heizung hochregeln und den Backofen anwerfen, sodass ihn bei Ankunft helle, warme Räume und warmes Essen erwarten. Außerdem kann er von überall her Bilder und Daten vom Haus empfangen.

Heizung Die Zentrale ist mit Temperaturfühlern in jedem Raum sowie außen am Haus verbunden und kann daher die Heizung auf die gewünschten Raumtemperaturen und möglichst sparsamen Verbrauch regeln. Mehr zur Heizung findest du auf S. 6.

NOTRUF

An vielen Stellen im Haus gibt es Alarmknöpfe, mit denen die Bewohner bei Gefahr oder einem Unfall Hilfe herbeirufen können. Das kann besonders für Menschen mit Behinderung oder Senioren lebensrettend sein.

BEWEGUNGSMELDER

Diese Geräte, die etwa Lampen automatisch einschalten, reagieren auf die unsichtbare Wärmestrahlung, die Menschen und Tiere abgeben. Bewegt sich jemand vor ihrem elektronischen Sensor, bewirkt er darin eine geringe Temperaturänderung, die wiederum ein elektrisches Signal erzeugt. Es schaltet etwa Licht an oder löst Alarm aus. Meist gibt es einen zweiten Sensor (Dämmerungsschalter), der das Gerät nur bei Dunkelheit scharf schaltet.

ALARM

Dank Fensterfühlern, Lichtschranken, Überwachungskameras, Rauchmeldern und Temperaturfühlern kann die Zentrale bei Feuer oder Einbruchsversuch die Bewohner warnen, eine Sirene am Haus in Gang setzen, Scheinwerfer einschalten und per Internet Feuerwehr, Hausbesitzer oder die Polizei alarmieren.

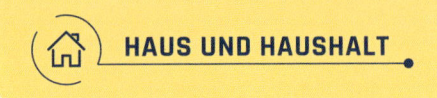

SAUBERE WÄSCHE

Wäschestücke müssen gründlich in warmer Waschlauge bewegt werden, damit sich der Schmutz löst. Danach muss man sie sauber spülen und trocknen. Waschmaschinen und Trockner führen diese Arbeiten selbstständig aus.

WÄSCHETROCKNER

Am billigsten und umweltfreundlichsten trocknet man Wäsche auf der Leine an der frischen Luft. Aber ein Wäschetrockner arbeitet schneller. Er trocknet die Wäsche, indem er einen warmen Luftstrom hindurchbläst. Die feuchte Abluft wird ins Freie geleitet oder getrocknet und gekühlt wieder in den Raum geblasen.

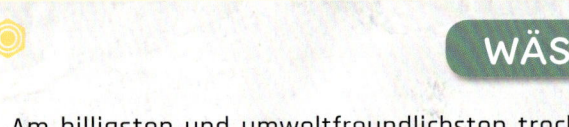

Die **Zeitschaltuhr** schaltet das Gerät nach einer bestimmten Zeit ab.

Das **Thermostat** regelt die Temperatur der eingeblasenen Warmluft.

Das **Flusensieb** sammelt losgerissene Stofffasern und muss von Zeit zu Zeit gereinigt werden.

Der **Elektromotor** dreht die Trommel.

Der **Wärmetauscher** nutzt die Wärme der Abluft, um die angesaugte Luft vorzuwärmen, und spart so Energie ein.

Sichttür zum Beladen der Maschine

Luftansaugung

Das **Gebläse** schickt einen Luftstrom durch die Trommel.

Drehbare **Trommel** für die Wäschestücke

WASCHMASCHINE

Um schmutzige Wäsche wirklich sauber zu bekommen, sind mehrere Arbeitsgänge nötig: Einweichen, Vor- und Hauptwäsche, Spülen mit klarem Wasser und Schleudern der Wäsche. Zudem muss man die Temperatur, die Zahl der Waschgänge und die Menge an Waschmittel an den Verschmutzungsgrad und an die Art des Stoffs anpassen – Seide und Wolle z. B. sind besonders empfindlich.

Der **Druckfühler** stoppt die Maschine bei zu geringem Wasserzufluss.

Die **Steuerungselektronik** führt das eingestellte Waschprogramm aus, gibt im richtigen Moment Waschmittel dazu, überwacht und steuert Motor, Wassertemperatur, Wasserzu- und -abfluss.

Mit **Einstellknöpfen** kann man Waschtemperatur und Programm wählen.

Der **Wasserstopp** verhindert bei Defekten oder Stromausfall, dass Leitungswasser ausläuft.

Kontrollleuchten zeigen den Zustand der Maschine und die erreichte Stufe im Waschvorgang an.

In diese **Schublade** werden Waschmittel und Weichspüler eingefüllt.

Die **Türverriegelung** verhindert das Öffnen der Tür bei laufender Maschine.

Wasserzufluss

Durch die **Sichttür** wird die Wäsche eingefüllt und entnommen.

Wasserabfluss

Die **Laugenpumpe** pumpt die schmutzige Waschlauge ins Abwasser.

Der **Elektromotor** dreht die Trommel.

Die **Wäschetrommel** hat Löcher für das Wasser. Sie dreht sich langsam rechts- und linksherum, um die Wäschestücke gründlich in der Waschlauge zu bewegen. Am Schluss dreht sie sich sehr schnell, um das restliche Wasser aus den Stücken herauszuschleudern.

Die **Außentrommel** ist wasserdicht und verhindert so, dass Wasser in die Maschine läuft.

Heizspiralen erhitzen das Waschwasser.

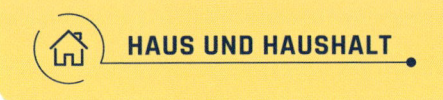

NÄHEN UND BÜGELN

Die einst mühsame Arbeit mit Nadel und Faden kann man heute der elektrischen Nähmaschine übergeben. Moderne computergesteuerte Maschinen können sogar sehr komplizierte Stiche und Nähte rasch und sauber anfertigen. Immer noch nötig ist allerdings das Bügeln der Wäsche, um sie zu glätten und Falten zu entfernen.

DAMPFBÜGELEISEN

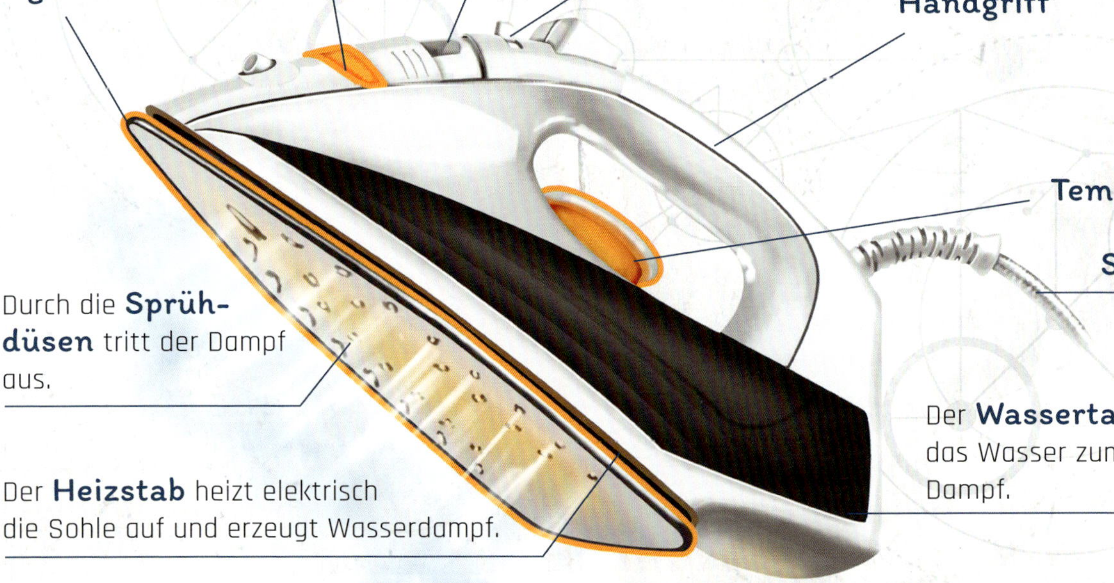

Die **Kontrollleuchte** zeigt, dass das Gerät eingeschaltet ist.

Öffnung zum Nachfüllen von Wasser in den Tank

Mit dem **Dampfmengenwähler** kann man den Dampfstrom steuern.

glatte Sohle

Handgriff

Temperaturwähler

Stromzuleitung

Durch die **Sprühdüsen** tritt der Dampf aus.

Der **Wassertank** speichert das Wasser zum Erzeugen von Dampf.

Der **Heizstab** heizt elektrisch die Sohle auf und erzeugt Wasserdampf.

DAMPFBÜGELSTATION

Dampfbügeleisen haben nur einen kleinen Wassertank, sonst würden sie zu schwer. Daher können sie nur begrenzte Dampfmengen erzeugen und müssen oft nachgefüllt werden. Dagegen wird in Dampfbügelstationen der Dampf in einem besonderen Behälter erzeugt und per Schlauch ins Bügeleisen geleitet.

ELEKTRISCHE NÄHMASCHINE

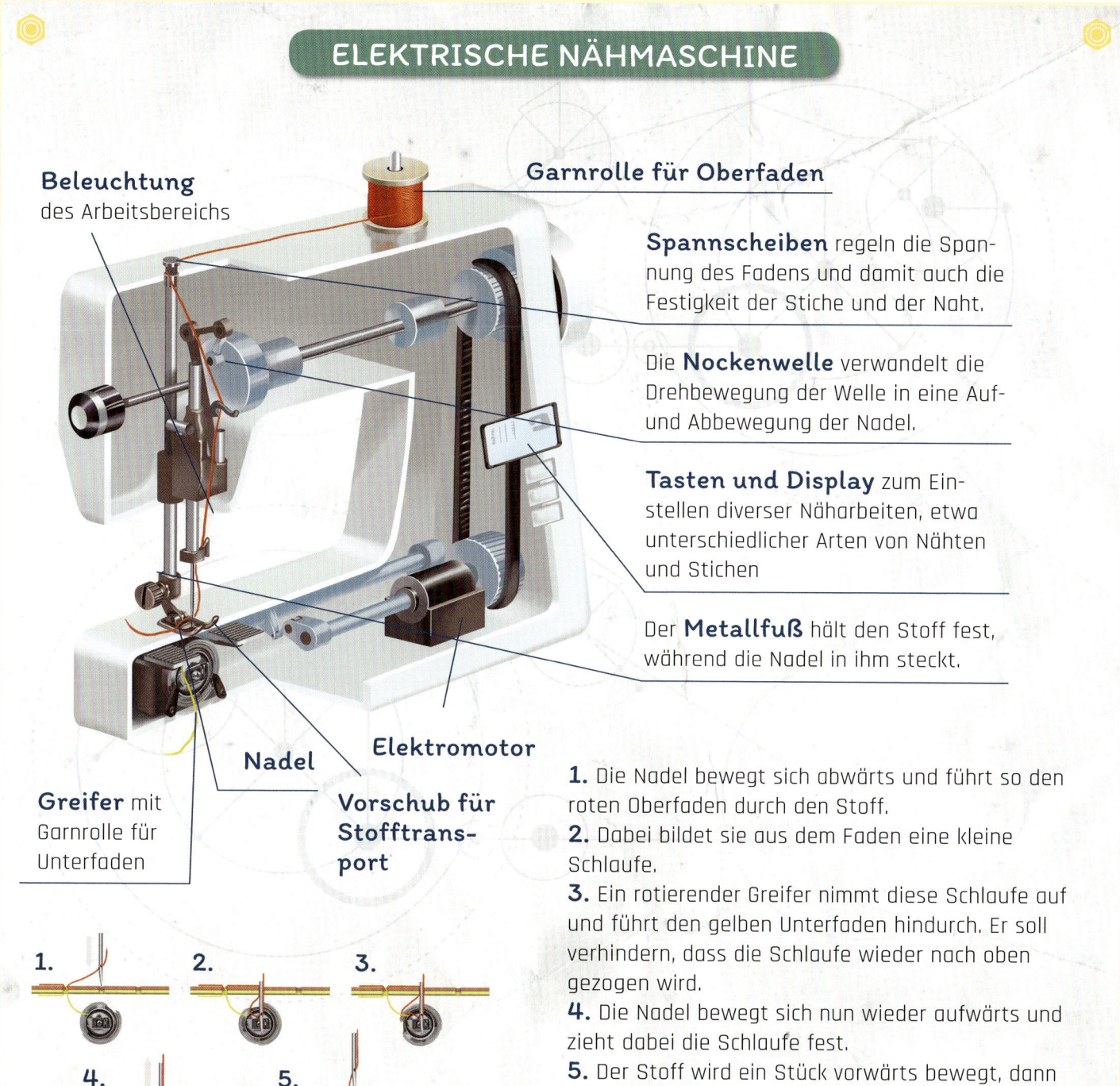

Beleuchtung
des Arbeitsbereichs

Garnrolle für Oberfaden

Spannscheiben regeln die Spannung des Fadens und damit auch die Festigkeit der Stiche und der Naht.

Die **Nockenwelle** verwandelt die Drehbewegung der Welle in eine Auf- und Abbewegung der Nadel.

Tasten und Display zum Einstellen diverser Näharbeiten, etwa unterschiedlicher Arten von Nähten und Stichen

Der **Metallfuß** hält den Stoff fest, während die Nadel in ihm steckt.

Nadel

Elektromotor

Greifer mit Garnrolle für Unterfaden

Vorschub für Stofftransport

1. Die Nadel bewegt sich abwärts und führt so den roten Oberfaden durch den Stoff.
2. Dabei bildet sie aus dem Faden eine kleine Schlaufe.
3. Ein rotierender Greifer nimmt diese Schlaufe auf und führt den gelben Unterfaden hindurch. Er soll verhindern, dass die Schlaufe wieder nach oben gezogen wird.
4. Die Nadel bewegt sich nun wieder aufwärts und zieht dabei die Schlaufe fest.
5. Der Stoff wird ein Stück vorwärts bewegt, dann geht die Nadel erneut abwärts für die nächste Schlaufe.

REISSVERSCHLUSS

Er ist leicht zu schließen und zu öffnen und zählt heute zu den wichtigsten Verschlussarten bei Textilien. Zwei Reihen kleiner Zähne aus Metall oder Kunststoff stehen sich genau gegenüber. Das Schließen und Öffnen besorgt der Schieber, der die Zähne zusammen- oder auseinanderdrückt.

IN DER KÜCHE

Kühl- und Gefrierschrank, Herd oder Mikrowelle, Geschirrspüler und eine Fülle weiterer Geräte übernehmen heute Aufgaben, die früher mühevoll und zeitraubend von Hand erledigt werden mussten. Aber auch für das Säubern der Wohnung und viele andere Aufgaben gibt es nützliche Hilfsmittel.

GESCHIRRSPÜLMASCHINE

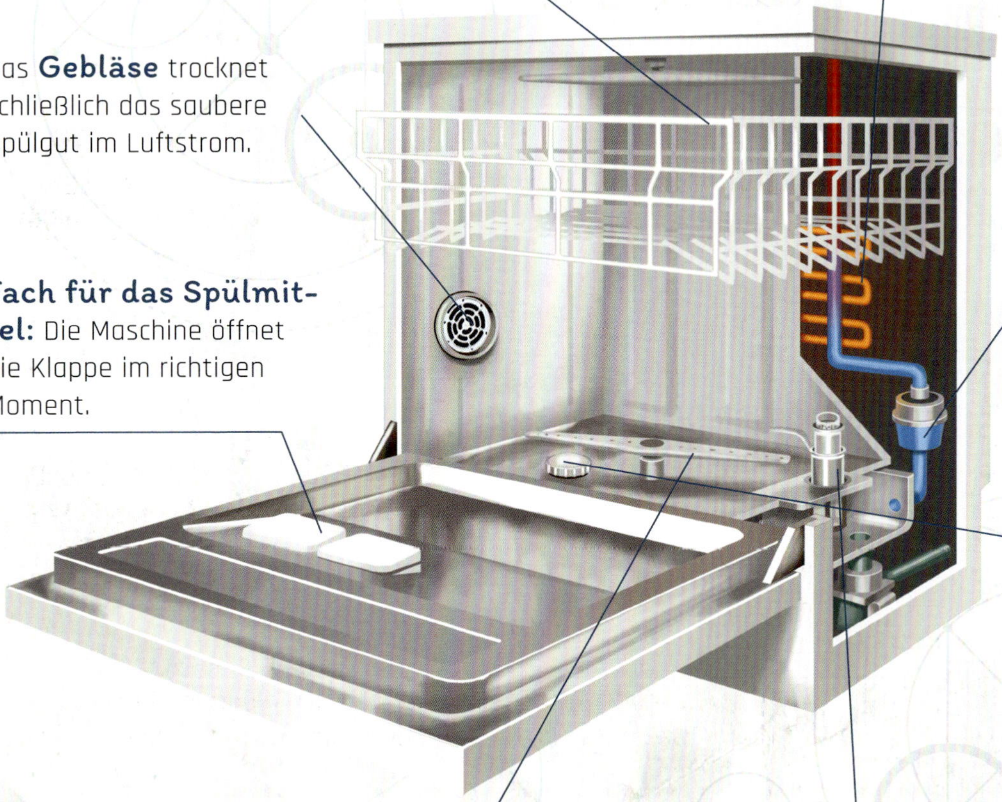

Herausziehbare **Geschirrkörbe** und ein **Besteckkorb** nehmen das Spülgut auf.

Das **Gebläse** trocknet schließlich das saubere Spülgut im Luftstrom.

Fach für das Spülmittel: Die Maschine öffnet die Klappe im richtigen Moment.

Heizstäbe erwärmen das Spülwasser.

Eine **Umwälzpumpe** hilft, Wasser zu sparen. Sie führt das Spülwasser wieder zu den Sprüharmen.

Vorratsgefäß für Salz: Das Salz verhindert Kalkränder auf dem Geschirr.

Rotierende Arme sprühen Wasser über das Spülgut.

Der **Ablauf mit Sieben** nimmt schmutziges Wasser auf.

KÜHLSCHRANK

Je kühler sie sind, desto länger bleiben Lebensmittel frisch, weil Bakterien und Schimmelpilze in der Kälte schlecht gedeihen. Daher zählt ein Kühlschrank zu den wichtigsten Geräten in der Küche.

Die **Lampe** beleuchtet das Schrankinnere.

Das **Drosselventil** lässt immer nur wenig Flüssigkeit durch und trennt so den Hochdruck- vom Niederdruckbereich.

Die **warme Rohrschlange** gibt die Wärme nach außen ab.

Der elektrisch betriebene **Kompressor** ist eine Pumpe. Er setzt das Kühlmittel unter Druck.

Die **kalte Rohrschlange** entzieht dem Schrankinnern Wärme.

Mit dem **Temperaturregler** kann man das Schrankinnere kälter oder wärmer einstellen.

Der **Schalter** schaltet beim Öffnen der Tür die Lampe ein.

Temperaturanzeige zeigt die eingestellte Temperatur.

Die **Isolierung** lässt möglichst wenig Wärme von außen in den Kühlschrank.

DER KREISLAUF DES KÜHLMITTELS

Ein Kühlschrank nutzt eine wichtige Eigenschaft vieler chemischer Stoffe: Wenn man sie unter Druck setzt und dabei z. B. ein Gas zu einer Flüssigkeit verdichtet (kondensiert), werden sie warm. Wenn man nun den Druck wegnimmt und diese Flüssigkeit wieder verdampft, nimmt sie Wärme auf. Im Kühlschrank laufen beide Vorgänge ab und tragen Wärme aus dem Inneren nach außen.

Die elektrische Pumpe im Kühlschrank pumpt eine spezielle Kühlflüssigkeit im Kreislauf durch ein Rohrsystem, und zwar so, dass sie Wärme vom Schrankinnern nach außen transportiert.

1. Der elektrisch betriebene Kompressor setzt das Kühlmittel unter Druck (er presst es zusammen, komprimiert es). Dabei wird es warm.
2. Es fließt durch eine Rohrschlange an der Rückseite und gibt dabei Wärme ab, kühlt dabei ab.
3. Die kühle Flüssigkeit strömt durch eine enge Rohrstelle, die Drossel, in einen Bereich niedrigen Drucks.
4. Sie durchfließt eine Rohrschlange im Schrankinnern (Verdampfer), verdampft und nimmt dabei Wärme auf. Dadurch sinkt die Temperatur im Kühlschrank.
5. Der Dampf erreicht den Kompressor und wird erneut komprimiert.

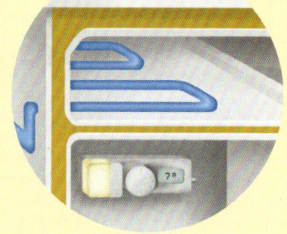

KOCHEN UND BACKEN

Die Zähmung des Feuers und das dadurch mögliche Erhitzen der Nahrung waren bedeutende Schritte in der Entwicklung des Menschen. Denn erst Kochen und Braten machten viele Lebensmittel genießbar und wohlschmeckend – und zudem gesünder, weil Hitze Krankheitserreger in der Nahrung abtötet.

KOCHPLATTENHERD

Dieser Herd enthält mehrere runde, unterschiedlich große Platten aus Gusseisen, das gut die Wärme leitet. Unter der Oberfläche liegen elektrische Heizdrähte, eingebettet in eine feuerfeste Isoliermasse aus Keramik. Sogenannte Blitzkochplatten, erkennbar an der roten Mitte, heizen besonders schnell und stark auf. In der Mitte einer Kochplatte liegt ein Temperaturregler, der den Strom abschaltet, wenn die Platte zu heiß wird.

HERD

Ein Herd, meist kombiniert mit einem Backofen, zählt zu den unverzichtbaren Geräten einer Küche. Die Wärme wird durch elektrischen Strom oder mit Gasflammen erzeugt.

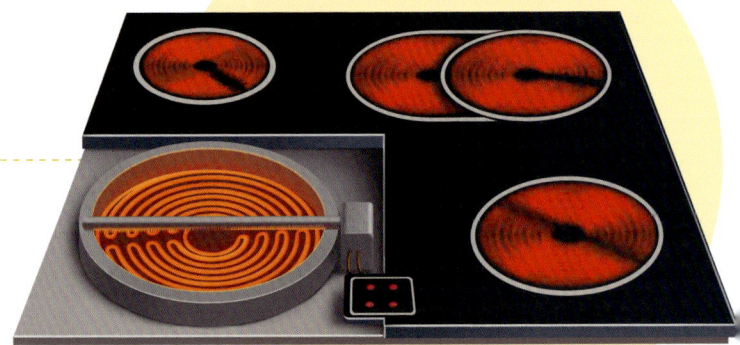

KOCHFELD AUS GLASKERAMIK

Das Feld hat eine glatte Oberfläche aus besonders harter Glaskeramik. An mehreren Stellen liegen darunter Heizdrähte, die elektrisch auf Rotglut geheizt werden und ihre Wärme nach oben abstrahlen. Die Flächen dazwischen bleiben dagegen kühl.

GASHERD

Er besteht aus mehreren unterschiedlich großen Kochstellen mit kleinen Flammenstrahlern und metallenen Trägern für die Töpfe. Drehknöpfe dienen dazu, die Stärke des Gasstroms und damit die Flammengröße zu regeln. Jedes Kochfeld hat eine Vorrichtung, um das ausströmende Gas zu entzünden, sowie einen Hitzefühler, der bei erloschener Flamme ein Ventil schließt, um die Gaszufuhr zu stoppen.

INDUKTIONSHERD

Induktion erzeugt die Wärme nicht im Herd selbst, sondern in speziellen Kochtöpfen oder Pfannen. Im Herd sitzen nur Drahtspulen. Durch sie fließt Wechselstrom, dessen Stärke besonders rasch wechselt. Dadurch entstehen stark wechselnde Magnetkräfte, die wiederum im Boden der Töpfe Hitze erzeugen. Das Kochfeld bleibt also relativ kalt. Allerdings funktioniert der Herd nur mit Spezialtöpfen und nicht etwa mit Glas- oder Porzellangefäßen.

BACKOFEN

Man nutzt ihn zum Kuchenbacken oder für Schmorbraten. Je nach Wunsch kann der Ofen das Backgut mit heißer Umluft erhitzen oder von oben und unten mit Wärme bestrahlen. Viele Backöfen haben zudem Heizstäbe, die sich auf Rotglut erhitzen und Fleisch von oben her grillen.

MIKROWELLE

Während andere Herde die Wärme von außen zuführen, erhitzt ein Mikrowellenherd Nahrungsmittel von innen her. Er erzeugt dazu starke Radiowellen und strahlt sie mit der Antenne in den Innenraum. Diese Mikrowellen schwingen viel schneller als die Radiowellen von Radio und Fernsehen. Treffen sie auf die kleinsten Teilchen (die Moleküle) des Wassers im Nahrungsmittel, müssen diese ebenfalls sehr rasch hin- und her- schwingen. Sie erhitzen sich dabei und erwärmen auch ihre Umgebung.

Die **Antenne** strahlt die Mikrowellen in den Innenraum.

Regler für Strahlungsstärke

Die **Magnetron-Röhre** erzeugt die Radiostrahlung.

Die **Tür** hat ein abgeschirmtes Fenster, das keine Mikrowellen hinauslässt.

Das **Gebläse** kühlt die Röhre im Betrieb.

Das **Metallgehäuse** lässt keine Mikrowellen nach außen.

Zeitschalter mit Anzeige zum Einstellen der Garzeit

Der **Drehteller** sorgt dafür, dass die Wellen aus allen Richtungen gleichmäßig auf die Speise treffen.

Der **Sicherheitsschalter** sorgt dafür, dass das Gerät nur bei geschlossener Tür arbeitet.

TIEFKÜHLSCHRANK

Wenn man Nahrungsmittel noch stärker kühlt als ein Kühlschrank, halten sie besonders lange. Ein Kühlschrank erreicht Temperaturen knapp unter null Grad Celsius; meist stellt man ihn auf etwa fünf Grad Celsius. Ein Tiefkühlschrank kühlt dagegen auf mindestens - 18 Grad Celsius.

KÜCHENMASCHINE

So nennt man eine Küchenmaschine mit eingebautem Elektromotor, der Einsätze zum Rühren, Mixen, Zerkleinern und Kneten antreibt. Außerdem können solche Geräte Lebensmittel auch erhitzen (mit Zusatzteil auch Dampfgaren), besitzen eine eingebaute Waage und eine Zeitschaltuhr.

KAFFEE

In vielen Haushalten läuft schon kurz nach dem Aufstehen die blubbernde Kaffeemaschine. Sie nutzt Dampfdruck, um in rascher Folge kleine Mengen heißen Wassers auf den Kaffee im Filter zu tropfen.

KAFFEEMASCHINE

Der Druck des Dampfs treibt heißes Wasser im **Steigrohr** empor. Von dort tropft es auf das **Kaffeepulver**. Sinkt der Druck, öffnet sich das Ventil und lässt erneut kaltes Wasser zum Heizelement fließen.

Das **Heizelement** erhitzt mit elektrischem Strom das Wasser zum Sieden.

Wassertank

Das **Rückschlagventil** lässt kaltes Wasser zum Heizelement, schließt aber, wenn sich Dampfblasen entwickeln.

ISOLIERKANNE

In einer solchen Kanne bleiben Kaffee oder Tee viel länger heiß, weil sie den Wärmeaustausch mit der Umgebung verringert. Sie enthält ein doppelwandiges Glasgefäß, der Zwischenraum zwischen den Wänden ist luftleer. Es ist also keine Luft vorhanden, die Wärme durch diesen Zwischenraum transportieren kann. Außerdem sind die Glaswände verspiegelt, sodass auch keine Wärmestrahlen passieren können.

ESPRESSOMASCHINE

Auch Espresso wird mit heißem Wasser und Kaffeepulver hergestellt. Nur setzt man hier das Wasser mit einer Elektropumpe unter besonders hohen Druck, sodass es rasch durchs Kaffeepulver rinnt, besonders viele Aromastoffe aufnimmt und auf dem Espresso in der Tasse eine schöne Schaumschicht bildet.

REINIGUNG UND PFLEGE

Neben Besen und Kehrschaufel ist der Staubsauger das wohl wichtigste Reinigungsgerät im Haus. Außer großen und starken Saugern, die Steckdosenstrom brauchen, gibt es auch kleine, handliche Staubsauger mit aufladbaren Batterien. Alle Staubsauger saugen an einem Ende die Luft kräftig an und blasen sie am anderen Ende hinaus. Der Saugteil ist mit einer auswechselbaren Saugdüse verbunden.

ZYKLON-STAUBSAUGER

Das **Gebläse** erzeugt den Luftstrom und damit den Sog.

Spezielle wechselbare **Düsen** saugen Schmutz etwa aus Sofaritzen. **Düsen mit rotierenden Bürsten** säubern Teppiche besonders gut.

Die **Saugdüse** nimmt den Schmutz auf.

Der **Elektromotor** treibt das Gebläse und wird vom Luftstrom gekühlt.

Schalter

Stromkabel

Luftauslass

Der **Behälter** fängt gröberen Schmutz.

Der **Filter** hält feinste Staubteilchen zurück.

STAUBSAUGERROBOTER

Solche Mini-Staubsauger haben einen kleinen eingebauten Computer sowie einen Hindernisfühler und können sich daher selbstständig in einer (hindernisfreien) Wohnung bewegen und sie reinigen. Sind ihre Akkus fast leer, fahren sie selbsttätig an eine Ladestation, laden die Akkus wieder auf, kehren zur letzten Position zurück und arbeiten weiter.

RASENMÄHER

Handrasenmäher schneiden die Halme mit rotierenden Messern ab, die von den Rädern angetrieben werden und sie gegen ein fest stehendes Messer drücken. So werden sie wie mit einer Schere abgeschnitten. Motorrasenmäher haben horizontale Messer, die ein Benzin- oder Elektromotor in schnelle Drehung versetzt.

Zahnrad

feste und rotierende Messer

RASENMÄHROBOTER

Dieser kleine Helfer hält den Rasen selbstständig kurz. Scharfe Messer, die ein Elektromotor dreht, schneiden das Gras. Das Schnittgut bleibt auf dem Rasen liegen. Die zu mähende Fläche wird von einem Begrenzungsdraht umrandet, den das Gerät wahrnimmt.

KLEINE HELFER IM BAD

HAARTROCKNER

An heißen Tagen verschwinden Pfützen rascher als an Wintertagen, weil Wasser bei Wärme schneller verdunstet. Dieses Prinzip macht sich auch der Haartrockner zunutze: Er erzeugt mittels Propeller und elektrisch aufgeheizter Drähte einen Strom warmer Luft, der nasse Haare rascher trocknen lässt.

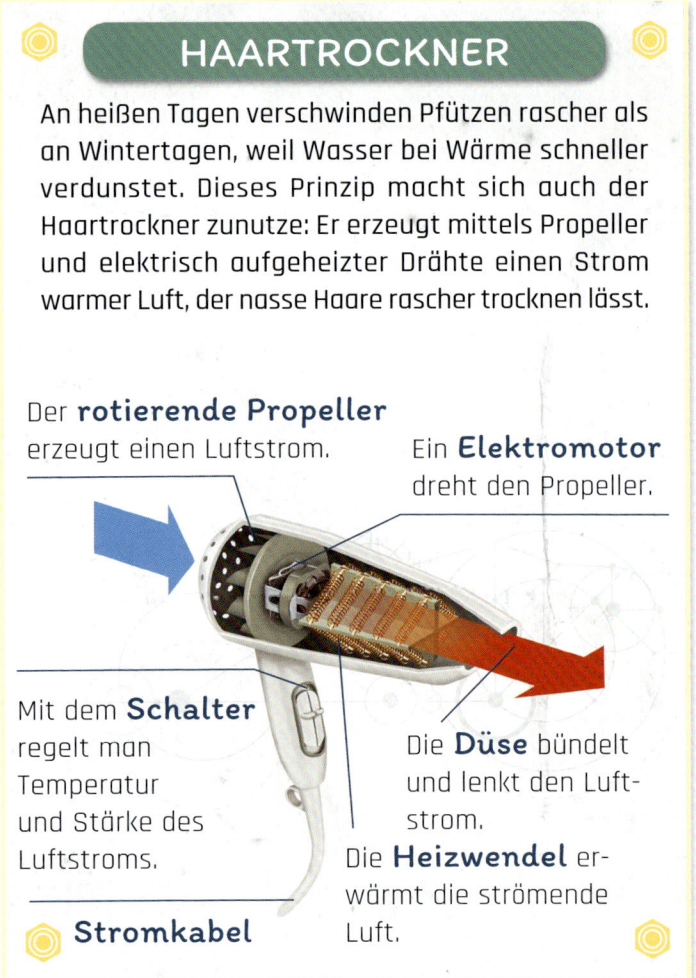

Der **rotierende Propeller** erzeugt einen Luftstrom.

Ein **Elektromotor** dreht den Propeller.

Mit dem **Schalter** regelt man Temperatur und Stärke des Luftstroms.

Die **Düse** bündelt und lenkt den Luftstrom.

Die **Heizwendel** erwärmt die strömende Luft.

Stromkabel

ELEKTRISCHE ZAHNBÜRSTE

Zahnpflege ist wichtig. Doch es muss nicht die alte Handzahnbürste sein. Moderne elektrische Schallzahnbürsten reinigen gründlicher.

Der **Elektronikbaustein** erzeugt Stromstöße.

Der **Schallwandler** verwandelt Stromstöße in Vibrationen, die auf den **Bürstenkopf** übertragen werden.

Einschaltknopf

Akku

Halter mit Aufladevorrichtung: Steckt man die Zahnbürste hinein, wird elektrische Energie kabellos übertragen und lädt den Akku auf.

PERSONENWAAGE

Viele Menschen kontrollieren regelmäßig ihr Gewicht. Dank moderner elektronischer Badezimmerwaagen geht das sehr bequem. Moderne Waagen nutzen einen Drucksensor. Er lässt bei höherer Belastung elektrischen Strom aus einer Batterie weniger gut passieren als bei niedriger Belastung. Je schwerer eine auf der Waage stehende Person also ist, desto geringer ist der Stromfluss. Er wird von einem Mini-Computer in der Waage gemessen, in Zahlenwerte umgerechnet, die auf dem Display erscheinen.

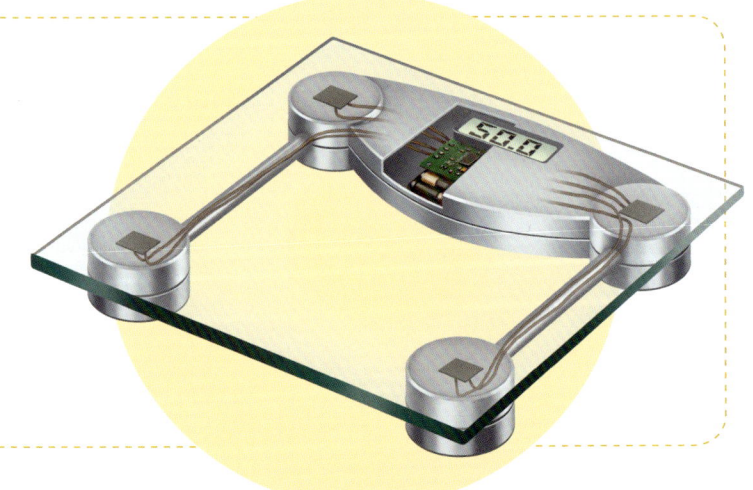

TOILETTE UND DUSCHE

Beide zählen zu den Sanitäreinrichtungen, die uns helfen, sauber und dadurch gesünder zu leben. Einst sammelte man die Exkremente einfach in Gruben oder Eimern, die von Zeit zu Zeit entleert werden mussten. Moderne Toiletten spülen alles mit einem kräftigen Wasserschwall weg. Das Schmutzwasser fließt dann, wie auch das sonstige Abwasser, durch unterirdisch verlegte Rohre zu einer Kläranlage (S. 72).

TOILETTE

Der **Schwimmer** misst den Wasserstand im Tank und öffnet und schließt das Ventil.

Drücken der **Spültaste** löst die Wasserspülung aus. Der Wasserschwall spült den Unrat weg.

Das **Ventil** regelt den Leitungswasserzufluss.

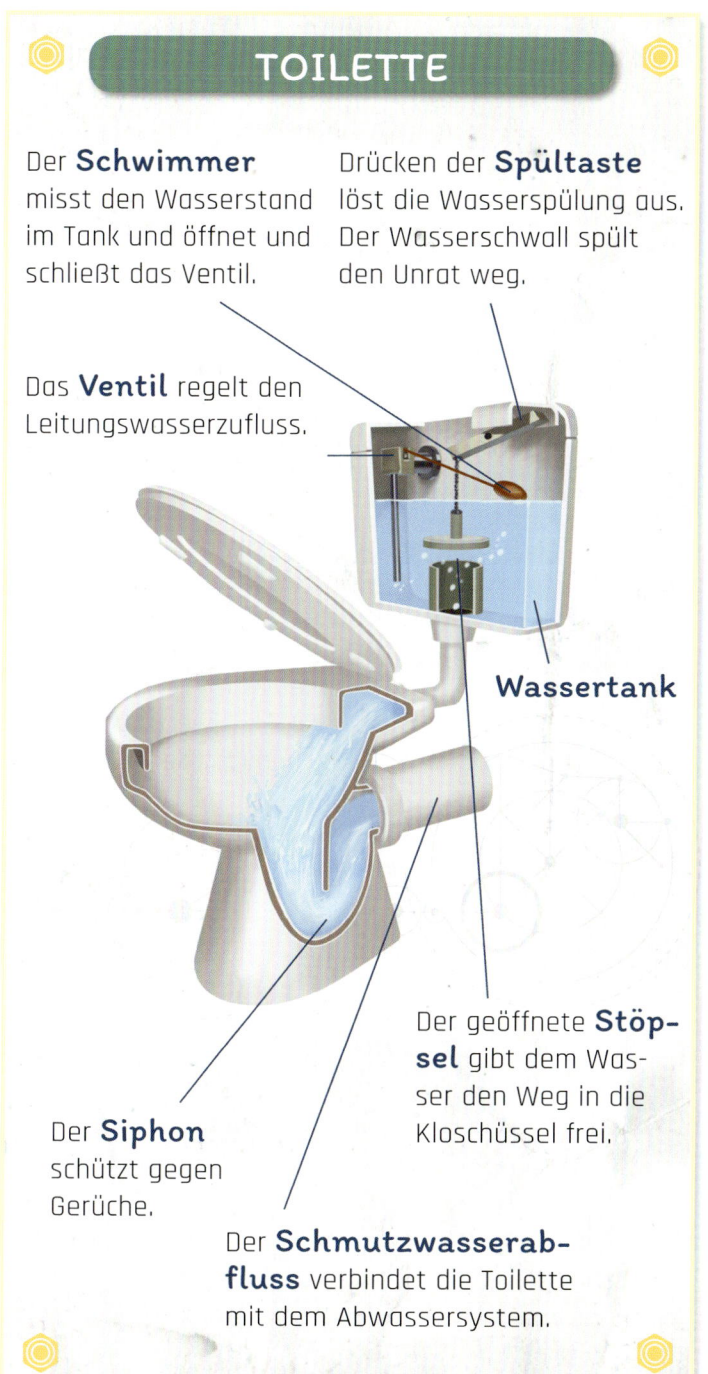

Wassertank

Der **Siphon** schützt gegen Gerüche.

Der geöffnete **Stöpsel** gibt dem Wasser den Weg in die Kloschüssel frei.

Der **Schmutzwasserabfluss** verbindet die Toilette mit dem Abwassersystem.

LUXUS-TOILETTEN

Sie bieten ganz besondere Vorzüge. Unter anderem wärmen sie die Klobrille vor, saugen schon während der Benutzung Gerüche ab und können Musik spielen.

THERMOSTATVENTIL DER DUSCHE

Warmwasserzulauf

Kaltwasserzulauf

Mit dem **Einstellknopf** regelt man die Wassertemperatur.

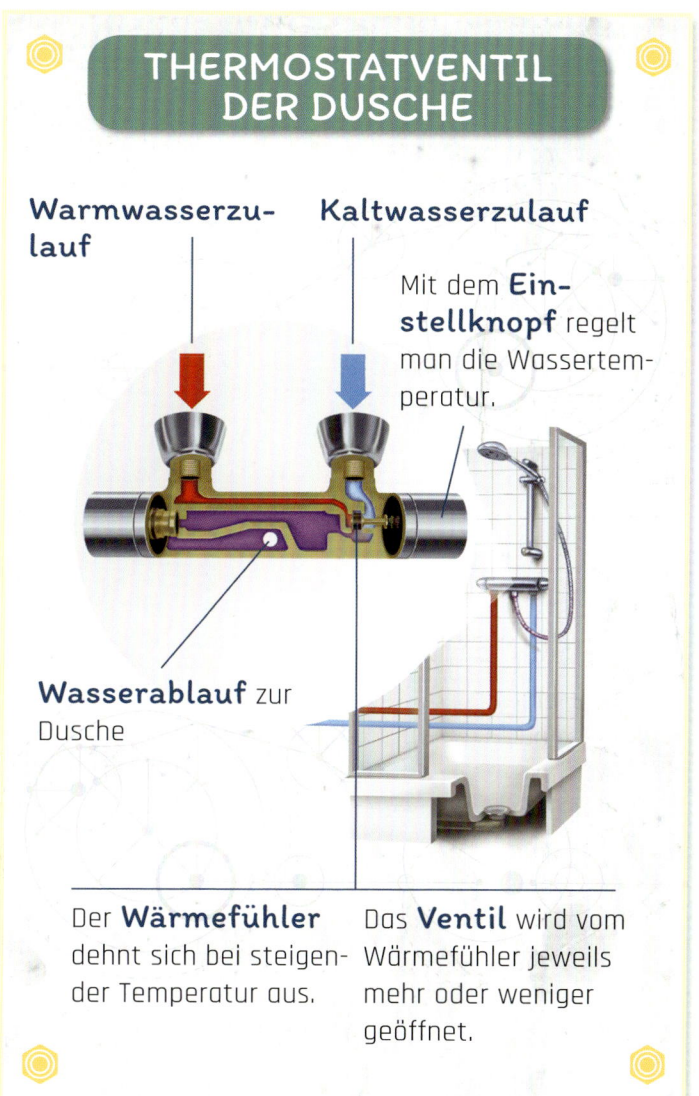

Wasserablauf zur Dusche

Der **Wärmefühler** dehnt sich bei steigender Temperatur aus.

Das **Ventil** wird vom Wärmefühler jeweils mehr oder weniger geöffnet.

HOCH HINAUS

AUFZUG

Treppensteigen gilt zwar als gesund, doch ein Aufzug (Lift) macht den Stockwerkwechsel viel bequemer. Meist besteht ein Aufzug aus einer Kabine, die an Stahldrahtseilen hängt und zusätzlich seitlich mit Schienen geführt wird. Sensoren registrieren die genaue Position der Kabine. Erst nach Stillstand öffnet die Elektronik die inneren und äußeren Türen der Kabine.

Seiltrommel

Der **Motor** mit **Getriebe** dreht die Seiltrommel.

Die **Steuereinheit** mit Mini-Computer nimmt die Schaltbefehle der Wählknöpfe in der Kabine und der Rufknöpfe außerhalb entgegen und steuert entsprechend den Motor sowie die Anzeigen in der Kabine und in jedem Stockwerk.

Stahldrahtseile tragen die Kabine. Aus Gründen der Sicherheit gibt es viel mehr Drahtseile, als nötig wären.

Kabine

Den **Notrufknopf** betätigt man, wenn der Aufzug unerwartet stoppt oder sich jemand verletzt.

Beleuchtung der Kabine

Mit den **Wählknöpfen** wählt man das Ausstiegsstockwerk.

Anzeige des Stockwerks

Die **Innentüren** schützen die Fahrgäste.

Die **Führungsschienen** verhindern das Wackeln der Kabine.

Die **Rufknöpfe** bieten Wahlmöglichkeiten für das Auf- oder Abfahren.

Dank der **Gegengewichte** aus Beton muss der Motor weniger Energie aufbringen. Die Fangvorrichtung der Führungsschienen klappt bei Seilriss blitzschnell automatisch aus und verankert die Kabine, sodass sie selbst nicht abstürzt.

Die **Außentüren** verschließen den Fahrstuhlschacht nach außen.

HYDRAULISCHER AUFZUG

Nicht immer hängen Fahrstuhlkabinen an Seilen. Besonders wenn über der Aufzugsanlage kein Platz für die Maschinerie ist – etwa in glasgedeckten Hotel- oder Kaufhaushallen –, kann man die Kabine auch einige Stockwerke weit von unten her nach oben schieben. Dazu nutzt man ein stabiles Rohrsystem, dessen Teile teleskopartig ineinandergefügt und mit Spezialöl gefüllt sind (Bagger S.76). Soll die Kabine aufwärts fahren, pumpt eine elektrische Pumpe mehr Öl in die Rohre. Sie schieben sich daher auseinander und drücken dadurch die Kabine hoch. Gesteuert wird die Pumpe durch einen Mini-Computer, der die Befehle der Schaltknöpfe in der Kabine und außen umsetzt.

ROLLTREPPE

In Kaufhäusern und Bahnhöfen nutzen täglich Millionen Menschen diese rollenden Treppen. Sie bestehen aus beweglichen Metallstufen, die an einer Kette hängen und durch einen kräftigen Elektromotor im Kreis bewegt werden. Gleichzeitig bewegt er passend dazu den Handlauf.

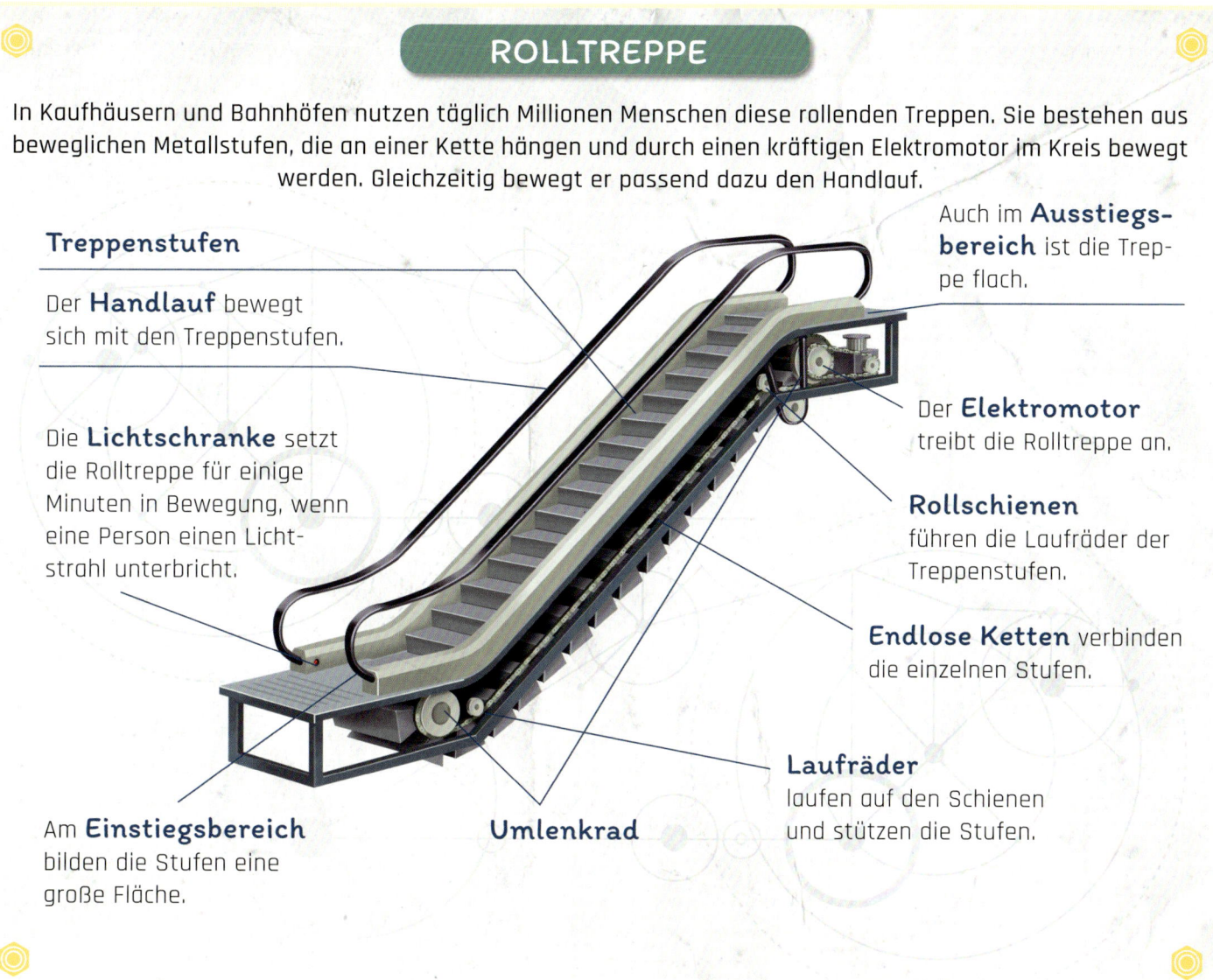

Treppenstufen

Der **Handlauf** bewegt sich mit den Treppenstufen.

Die **Lichtschranke** setzt die Rolltreppe für einige Minuten in Bewegung, wenn eine Person einen Lichtstrahl unterbricht.

Am **Einstiegsbereich** bilden die Stufen eine große Fläche.

Umlenkrad

Auch im **Ausstiegsbereich** ist die Treppe flach.

Der **Elektromotor** treibt die Rolltreppe an.

Rollschienen führen die Laufräder der Treppenstufen.

Endlose Ketten verbinden die einzelnen Stufen.

Laufräder laufen auf den Schienen und stützen die Stufen.

Laufbänder

Das Rolltreppenprinzip nutzt man nicht nur, um von Stockwerk zu Stockwerk zu kommen. Vor allem in großen Flughäfen gibt es auf die gleiche Art funktionierende, ebene Laufbänder. Sie bringen die Reisenden rascher durch die langen Gänge zu den Flugzeugen.

IM FERNSEHSENDER

So bequem es ist, auf dem Sofa sitzend fernzusehen – damit etwas auf dem Bildschirm erscheint, müssen im Fernsehsender tausende von Menschen zusammenarbeiten, um Inhalte herzustellen und auf den Weg zum Zuschauer zu bringen.

REGIERAUM

Im Regieraum werden die Kameraeinstellungen, die Beleuchtung und der Ton überwacht. Bildschirme hinter einem großen Steuerpult zeigen die einzelnen Bestandteile der Sendung: den Nachrichtensprecher, die aufgezeichneten Berichte von Reportern aus anderen Ländern am Ort wichtiger Geschehnisse, wartende Reporter für Live-Berichte per Übertragungswagen sowie Filmausschnitte, die eingespielt werden sollen. So hat der Regisseur die Übersicht über alle Bestandteile der Sendung und kann sie im richtigen Augenblick senden.

BLUE UND GREEN SCREEN

Der Name bedeutet „blauer bzw. grüner Bildschirm". Gemeint ist eine blaue oder grüne Wand hinter dem Sprecher im Fernsehstudio. Im Regieraum wird per Computer diese Farbe ersetzt, z. B. durch Filme oder, vor allem bei Wetterberichten, Grafiken. Der Sprecher selbst darf dabei allerdings kein Kleidungsstück in blauer bzw. grüner Farbe tragen, sonst würde es auch ersetzt werden.

SCHALTRAUM

Er ist die technische Zentralstelle. Alle Produktionen laufen dort zusammen und werden, gesteuert von einem Computer, entsprechend dem Sendeplan gesendet. Live-Sendungen werden direkt übertragen. Häufiger aber werden Sendungen im Voraus produziert, digital (per Computer) gespeichert, bearbeitet und erst später gesendet. Auch Spielfilme und Werbeeinblendungen sind digital aufgezeichnet und werden automatisch abgespielt.

VERTEILUNG

Die Fernsehsignale werden auf verschiedenen Wegen zum Empfänger geschickt, heute oft per Satellit oder Internet. Sie enthalten Informationen über den Bildaufbau, die Farben sowie den Ton. Das Empfangsgerät wertet diese Signale aus und erzeugt daraus Bild und Ton. Es muss für die jeweils vorhandene oder gewünschte Empfangsmöglichkeit technisch ausgerüstet sein, nämlich mit einem „Decoder". Viele Fernsehgeräte haben schon mehrere Decoder eingebaut.

VERTEILUNG PER SATELLIT

36 000 Kilometer über dem Äquator kreisen zahlreiche Fernsehsatelliten um die Erde, z.B. „Astra" oder „Eutelsat". In dieser Höhe bewegen sie sich gerade so schnell wie die Erdoberfläche unter ihnen; sie bleiben also scheinbar immer über einem Ort stehen. Die Fernsehsignale werden mit großen Richtantennen zum Satelliten hochgeschickt, dort verstärkt und zur Erdoberfläche zurückgefunkt. So kann man sie im jeweiligen Empfangsbereich mit einer schüsselförmigen Antenne empfangen und zum Fernsehgerät leiten.

VERTEILUNG PER INTERNET

Viele Fernsehsender verteilen ihr laufendes Programm auch per Internet. Moderne Fernsehgeräte empfangen die Programme auch via WLAN (S.120). So kann man auch verpasste oder ältere Sendungen noch ansehen.

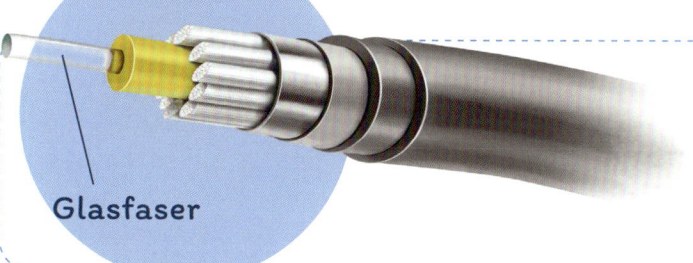

Glasfaser

VERTEILUNG PER KABEL ODER GLASFASER

Hochhäuser sind oft statt mit Satellitenschüsseln mit speziellen Kabel- oder Glasfaseranschlüssen ausgestattet, durch die Fernsehen, Internet und Telefon übertragen werden.

TERRESTRISCHE VERTEILUNG

Das ist der älteste Weg zum Fernsehen: Die Signale werden mittels Radiowellen von einem hohen Turm (Fernsehturm) ausgestrahlt und können mit einer Fernsehantenne auf dem Dach empfangen werden. Sie ist durch ein spezielles Kabel mit dem Fernseher in der Wohnung verbunden.

Radiowellen

Fernseh- und Rundfunksender sowie Handys und Funkgeräte erzeugen unsichtbare Wellen und strahlen sie über Antennen aus. Diese Wellen unterscheiden sich in der Frequenz, also in der Zahl der Schwingungen pro Sekunde. Die Frequenz wird in Hertz gemessen. Beim Rundfunk liegt sie zwischen etwa einem und 100 Millionen Hertz, Fernsehen und Handys bis etwa drei Milliarden Hertz. Jedes Gerät sendet nur auf jeweils einer bestimmten Frequenz, auf die auch der Empfänger eingestellt sein muss. So stören sich die verschiedenen Sendungen gegenseitig nicht.

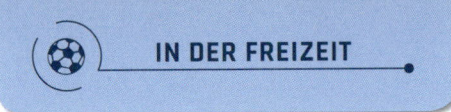

FERNSEHGERÄTE

Fernsehgeräte stehen in praktisch jeder Wohnung. Es gibt sie nicht nur in verschiedenen Größen, sondern auch mit unterschiedlichen Darstellungstechniken. Außerdem unterscheiden sie sich in der Zahl der dargestellten Bildpunkte: Je mehr Bildpunkte pro Quadratzentimeter, desto schärfer ist das Bild.

DAS FARBBILD

Jedes Fernsehbild besteht aus Millionen von Bildpunkten (Pixeln). Jedes einzelne Pixel setzt sich aus einem roten, einem grünen und einem blauvioletten Punkt (Subpixel) zusammen. Die Helligkeit der Subpixel lässt sich elektronisch verändern. So kann man aus den drei farbigen Subpixeln jeden Farbton des Bilds mischen. Leuchtet keiner, ist die Stelle schwarz. Fernsehsender übertragen etwa zwischen 24 und 60 Einzelbilder pro Sekunde. Sie folgen so rasch aufeinander, dass unser Auge sie nicht trennen kann. Moderne Fernsehgeräte speichern die gesendeten Bilder und wechseln das Bild auf dem Schirm sogar noch viel häufiger pro Sekunde aus, um Flimmereffekte zu vermeiden.

LCD-FERNSEHER

Sie erzeugen das Fernsehbild mithilfe einer Folie, die von hinten mit weißem Licht durchstrahlt wird. Die Folie besteht aus mehreren Schichten und enthält einige Millionen Bildpunkte. Jeder Bildpunkt besteht aus einer winzigen Kammer, deren Lichtdurchlässigkeit durch elektrische Pulse blitzschnell verändert werden kann. Diese Pulse erzeugt die Elektronik des Geräts aus den empfangenen Fernsehsignalen. Ein Farbfilter in Rot, Grün oder Blauviolett vor dem Punkt filtert das Licht. So entstehen die Farben, die wir sehen.

PLASMA-FERNSEHER

Hier besteht jeder Bildpunkt aus einer winzigen Kammer, in der elektrisch ein Lichtblitz erzeugt werden kann. Leuchtstoffe machen daraus rotes, grünes oder blauviolettes Licht. Jeweils drei bilden zusammen ein Farbtripel.

BEAMER

Beamer projizieren ein großes Bild auf eine Wand oder Leinwand. Sie enthalten eine sehr helle Lampe und eine Folie ähnlich wie bei LCD-Fernsehern, die das Farbbild erzeugt. Linsen werfen das Bild dann vergrößert auf die Projektionsfläche.

OLED-FERNSEHER

In OLED-Fernsehern bestehen die Subpixel aus organischen Leuchtdioden. Sie funktionieren ähnlich wie LEDs (S. 7) und leuchten bei Stromfluss. OLED-Fernseher können besonders leuchtende Farben darstellen.

3D-FERNSEHEN

3D bedeutet dreidimensional, räumlich. Wir können räumlich sehen, also Entfernungen zu Gegenständen abschätzen, weil jedes Auge ein etwas unterschiedliches Bild ans Gehirn liefert – es errechnet daraus eine Raumvorstellung. Das 3D-Fernsehen imitiert die unterschiedlichen Bilder mithilfe einer Spezialbrille. Es zeigt in rascher Folge zwei Bilder, die von zwei nebeneinanderliegenden Kameras stammen – abwechselnd ein Bild für das rechte und eines für das linke Auge. Außerdem strahlt das Gerät ein unsichtbares Steuersignal in den Raum. Die Brille nimmt das Signal auf und dunkelt immer das Brillenglas für das nicht angesprochene Auge ab.

HEIMKINO MIT SOUND

Im Alltag empfangen wir Schall, also Geräusche und Töne, nicht nur von vorn, sondern auch von der Seite und von hinten. Das kann auch mit Fernsehton funktionieren, denn viele Fernsehsendungen und Spielfilme werden mit den entsprechenden Tonsignalen ausgestrahlt. Man stellt dazu mehrere Lautsprecher auf, teils am Fernseher, teils hinter dem Zuschauer. Das Fernsehgerät entschlüsselt die Tonsignale und schickt sie an die jeweiligen Lautsprecher, sodass wir hören, wie sich z. B. ein Tier von hinten links anschleicht.

LAUTSPRECHER

Hochwertige Lautsprecher nutzen elektrische und magnetische Kräfte, um aus Stromschwankungen in einer Spule Schall zu erzeugen.

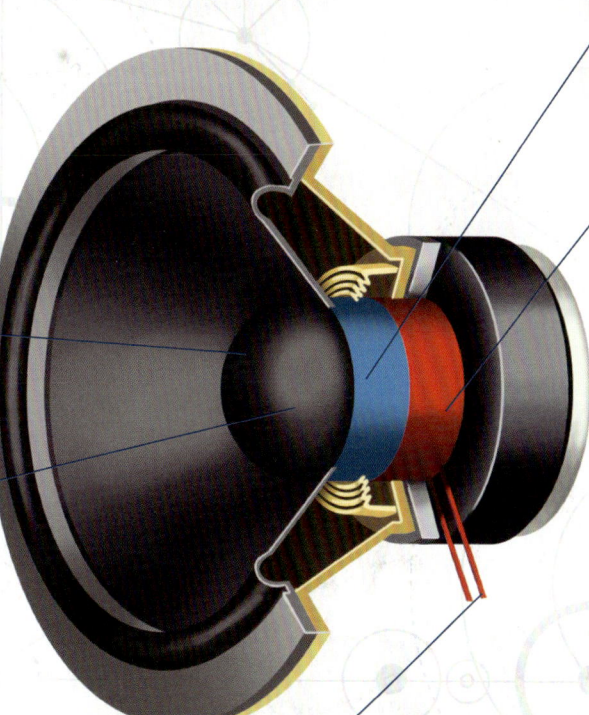

Der **Strom** fließt durch eine Spule aus dünnem Draht, die mit dem Konus verbunden ist.

Die **Spule** ist von einem starken Dauermagneten umhüllt. Der Strom macht die Spule selbst zu einem Elektromagneten, dessen Pole und Stärke je nach zugeführtem Strom rasch wechseln. So entstehen rasch wechselnde Anziehungs- und Abstoßungskräfte zwischen Dauermagnet und Spule.

Die **Konusmembran** aus dunkler Pappe ist so befestigt, dass sie gut schwingen kann.

Die **Magnetkräfte** bewirken, dass die Spule im Rhythmus des Stroms schwingt. Die große Fläche der Membran überträgt diese Schwingungen an die Luft.

Drähte führen vom Verstärker Strom heran, dessen Spannung im Rhythmus des Schalls schwankt.

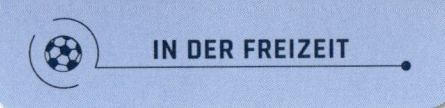

SILBERNE SCHEIBEN

Hunderte Fernseh- und Radiosender bieten ständig ihr Programm an. Doch nicht immer läuft gerade der passende Film oder die gewünschte Musik. Dann kann man zu einer CD oder DVD greifen – also einer silbernen Scheibe, auf der z. B. der ersehnte Spielfilm gespeichert ist. Ein Abspielgerät (Player) zaubert ihn auf den Fernsehschirm. Man kann sie fertig bespielt kaufen, aber auch selbst per Computer mit Musik, Filmen oder anderen Daten bespielen. Allerdings ist dies nur eine Übergangstechnik: Zunehmend wählt man sich den gewünschten Film oder Musik aus Mediatheken im Internet.

Der Code der Silberscheiben

CDs und DVDs basieren darauf, dass man Töne, Bilder und Steuersignale jeder Art mit Computerhilfe in Form einer Zahlenreihe aus Nullen und Einsen verschlüsseln kann. Diese Zahlenreihe wird als kilometerlange, spiralförmige Folge von mikroskopisch kleinen Vertiefungen in die glatte, verspiegelte Fläche der Silberscheibe geprägt. Das Abspielgerät führt einen haarfeinen Laserstrahl entlang dieser Spiralspur und misst das reflektierte Licht. Seine Stärke schwankt, je nachdem, ob der Strahl auf eine Vertiefung oder die glatte Fläche trifft, und ein Mini-Computer wandelt diese Impulse wieder in Musik oder Fernsehbildsignale um.

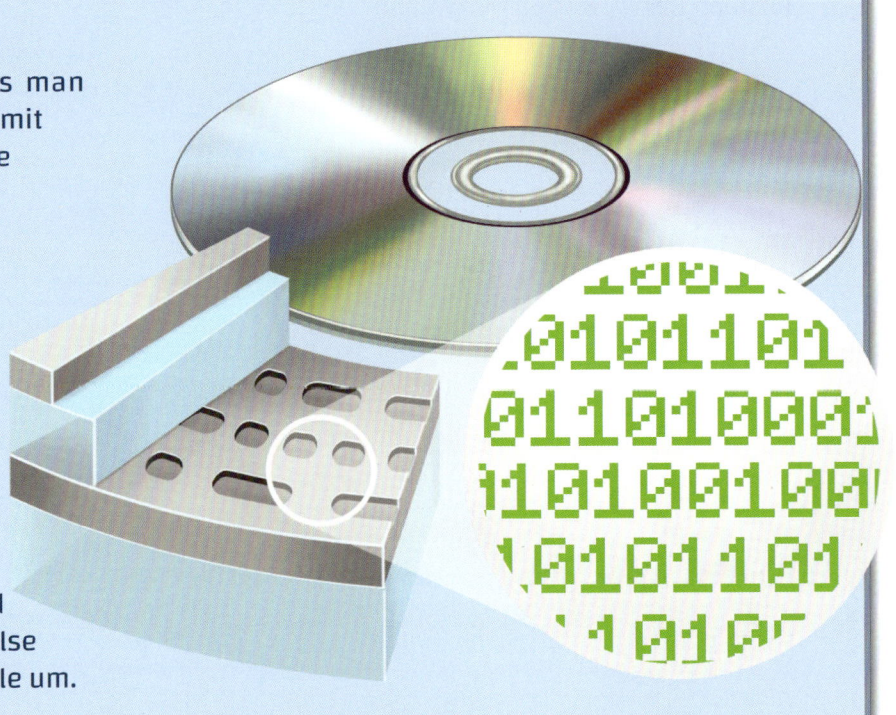

CD

Das ist eine Abkürzung für Compact Disc. Sie wird üblicherweise zum Speichern von Musik höchster Tonqualität verwendet, wobei etwa 74 Minuten auf eine Scheibe passen.

DVD

Diese Scheiben bieten deutlich mehr Speicherplatz als eine CD, weil ihre Vertiefungen enger beieinander sind als bei CDs. Sie werden vorwiegend für Spielfilme verwendet.

BLU-RAY DISC

Blu-Ray Discs können deutlich mehr speichern als eine DVD, weil ihre Vertiefungen besonders klein sind und eng beieinanderliegen. Zum Abspielen dient ein extrem feiner Laserstrahl aus blauviolettem Licht, daher der Name (*blue ray* bedeutet im Englischen blauer Strahl). Sie werden vor allem für Spielfilme in hoher Bildqualität (englisch: *High Definition* = HD) verwendet und verlangen ein spezielles Abspielgerät.

DVD / BLU-RAY PLAYER

Mit dem passenden Gerät kann man Silberscheiben abspielen, wobei moderne Geräte „abwärtskompatibel" sind: So können z. B. DVD-Player CDs abspielen, aber CD-Player keine DVDs.

Der **Motor** dreht die Scheibe exakt mit der notwendigen Drehgeschwindigkeit, die je nach Position des Lasers wechselt.

Die **Abtasteinheit** enthält eine Laserdiode. Sie erzeugt mit einer Linse den haarfein gebündelten Lichtstrahl zum Abtasten der Scheibe. Ein Sensor nimmt das reflektierte Licht auf. Ein halbdurchlässiger Spiegel teilt die Lichtstrahlen auf.

Mit dem **Wahlschalter** kann man einzelne Musiktitel oder Filme auf der Scheibe gezielt anwählen.

Der **Wagen** führt die Laserdiode an die jeweils richtige Position, damit der Laserstrahl jede Stelle der Scheibe erreicht.

Der **Einzug** zieht die eingelegte Silberscheibe in die richtige Position zum Abspielen.

Die **Anzeige** gibt Informationen über den Inhalt der Scheibe und die Ableseposition.

Laser

Normales farbiges Licht besteht aus Lichtwellen etwas unterschiedlicher Wellenlängen. Laser dagegen erzeugen Licht, das nur eine einzige Wellenlänge hat und das sich deshalb weit besser zu einem feinen Strahl bündeln lässt. Man nutzt Laserlicht heute für viele Zwecke, etwa zum Speichern und Auslesen von Daten, zur Übertragung von Informationen per Glasfaser (S. 27), in Entfernungsmessgeräten (S. 47), in Laserpointern und in medizinischen Geräten für schonende Operationen. Sehr energiereiche Laserstrahlen werden in der Technik zum exakten Bearbeiten von Metallen und anderen Materialien verwendet.

FOTO UND VIDEO

Einen schönen, aber flüchtigen Augenblick in Bild oder Film festhalten – das ist heute problemlos möglich. Früher brauchte man dafür Kameras und Filme, die nach Belichtung erst chemisch entwickelt und kopiert werden mussten. Heute gibt es handliche Digitalkameras, mit denen man sogar Filmaufnahmen machen kann. Bilder und Videos kann man sofort danach auf dem Display betrachten, drahtlos zu Freunden schicken oder auf seinen Computer überspielen.

Bewegte Bilder

Unsere Augen sind relativ träge. Wenn man eine gleichmäßige Bewegung mit etwa 25 Einzelbildern pro Sekunde aufnimmt und diese dann ebenso rasch hintereinander abspielt, nimmt das Auge sie nicht mehr einzeln wahr, sondern sieht wieder eine gleichmäßige Bewegung. Natürlich kann man auch sehr viel mehr Einzelbilder pro Sekunde aufnehmen und sie dann langsamer abspielen, um sehr schnelle Bewegungen scheinbar zu verlangsamen – das nennt man Zeitlupe. Umgekehrt kann man sehr langsame Bewegungen, etwa das Öffnen einer Blüte, mit etwa einem Bild pro Stunde aufnehmen und sie dann im Normaltempo abspielen (Zeitraffer).

OBJEKTIVE

Eine Sammellinse (z. B. eine Lupe) kann in einigen Zentimetern Entfernung ein kopfstehendes Bild erzeugen. Moderne Objektive arbeiten ebenso, bestehen aber aus mehreren, genau berechneten Linsen, um bestimmte Bildfehler zu vermeiden. Mit Teleobjektiven lassen sich weit entfernte Motive größer abbilden. Weitwinkelobjektive haben einen besonders großen Blickwinkel. Makroobjektive zeigen sehr kleine, nahe Objekte (etwa Insekten oder Blüten) stark vergrößert.

VIDEOS

Moderne Digitalkameras können dank hoch entwickelter Elektronik sehr rasch hintereinander Bilder schießen. Das kann man für Videoaufnahmen nutzen, denn Videos bestehen im Grunde auch nur aus einer Folge von Einzelbildern, die mit etwa 60 Bildern pro Sekunde aufgenommen und abgespielt werden. Videokameras (Camcorder) sind auf solche Aufnahmen spezialisiert.

CCD-SENSOR

Diese Elektronikbausteine enthalten zahlreiche winzige lichtempfindliche Bereiche, die ihre elektrischen Eigenschaften bei Lichteinfall je nach dessen Helligkeit verändern. Jeder dieser Bereiche liefert einen Bildpunkt (Pixel) für das entstehende Bild. Anschließend tastet eine spezielle Elektronik nacheinander all diese Bereiche ab, misst jeweils den Grad der Veränderung und speichert alle Daten in codierter Form. Je mehr lichtempfindliche Bereiche ein CCD-Sensor enthält, desto mehr Bildpunkte hat das entstehende Bild.

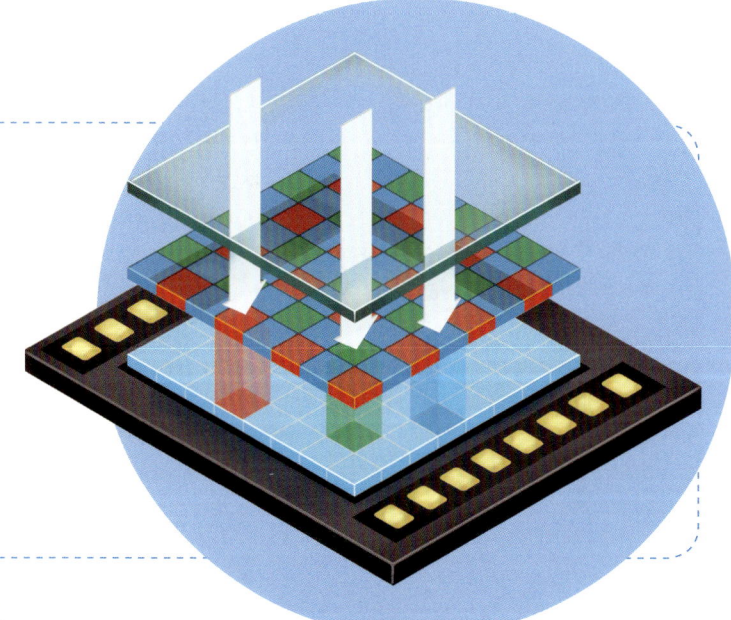

DIGITALKAMERA

Ein **Blitzgerät** erzeugt bei Auslösen einen hellen Lichtblitz, falls das Umgebungslicht sonst nicht für ein gutes Bild reicht.

Der **Auslöser** stellt bei leichtem Druck die Bildqualität (Schärfe, Helligkeit) richtig ein und löst bei starkem Druck die Kamera aus, sodass ein Bild oder Film entsteht.

Im **Menüpunkt** Einstellungen oder über ein Einstellrad kann man verschiedene feste Kameraeinstellungen für spezielle Aufnahmesituationen wählen, etwa Sport, Porträt, Landschaft, Nachtaufnahme, Nahaufnahme, Film.

Das **Objektiv** wirft das Bild auf den lichtempfindlichen CCD-Sensor. CCD steht für das englische *charge coupled device*. Das bedeutet ladungsgekoppeltes Bauteil.

Die **Blende** regelt, wie viel Licht das Objektiv durchlässt.

Der **Akku** liefert den Strom für den Betrieb der Kamera.

Der **Computeranschluss über USB** ermöglicht, die gespeicherten Bilder in einen Computer zu übertragen. Manche Kameras können dies auch kabellos.

Der **CCD-Sensor** ist der lichtempfindliche Baustein, der die Bilder aufnimmt.

Die **Speicherkarte** speichert die aufgenommenen Bilder und Filme in codierter Form zusammen mit wichtigen Aufnahmedaten (Datum, Belichtungszeit, bei manchen Kameras auch Aufnahmeort).

Das **Display** ist ein kleiner Farbbildschirm. Vor der Aufnahme zeigt es Kameraeinstellungen und Motiv und anschließend das gespeicherte Bild.

Die **Elektronik** verarbeitet die Signale der verschiedenen Messfühler in der Kamera, stellt sie dann für eine optimale Bildqualität ein, liest den CCD-Sensor aus und speichert die Daten auf der Speicherkarte.

AUF DER GROSSEN LEINWAND

Filme werden heute oft nicht mehr auf Filmmaterial belichtet, entwickelt, kopiert und im Kino von großen Filmrollen abgespielt, die durch den Projektor laufen. Stattdessen setzt sich die Digitaltechnik durch, also die Verwendung von computergesteuerten Kameras, Speichern und Kinoprojektoren.

AM SET

Die Herstellung eines Films erfordert das Zusammenwirken vieler hundert Menschen. Neben den Schauspielern sind es vor allem Spezialisten: Drehbuchschreiber, Komponisten, Musiker, Leute, die Drehorte und Schauspieler auswählen, und solche, die Kulissen (bisweilen ganze Straßenzüge) für die Dreharbeiten aufbauen. Andere Fachleute klären die Finanzierung und den Transport von Material und Schauspielern zu entfernten Drehorten. Während der Dreharbeiten arbeiten unter anderem Kameraleute, Beleuchter, Tontechniker, Muskenbildner, Trickexperten, Pyrotechniker (Fachleute für Feuer und Explosionen) und Stuntmenschen, die Schauspieler in gefährlichen Szenen vertreten. Gesteuert wird das Ganze vom Regisseur. In den Kameras nehmen lichtempfindliche Elektronik-Chips die Bilder in höchster Qualität auf, setzen sie in elektrische Signale um und speichern sie. Man kann die digitalen Aufnahmen sofort am Bildschirm kontrollieren, notfalls wiederholen und von guten Aufnahmen sofort Kopien anfertigen. Außerdem arbeiten digitale Filmkameras viel günstiger als solche mit Film, und man kann längere Szenen schießen – Filmrollen müssen alle paar Minuten gewechselt werden. Meist werden die Kameras heute von einem Computer nach einem zuvor festgelegten Schema an Galgen oder Schienen geführt und ausgerichtet.

POSTPRODUKTION

Die im Studio oder an auswärtigen Drehorten gewonnenen Aufnahmen sind noch längst nicht der fertige Film. Sie müssen „geschnitten", also die Szenen in der richtigen Reihenfolge aneinandergestellt werden. Außerdem wird meist Musik, auch im ruhigen Studio eingesprochene Sprache unterlegt. Viele Filme nutzen Filmtricks. Dinosaurier, Zauberer, Raumschiffe, Luftschlachten oder Explosionen entstehen heute am Computerbildschirm. Animationsfilme (Trickfilme) werden komplett am Computer entwickelt. Das erfordert oft monatelange Arbeit zahlreicher Spezialisten. Vielfach werden solche am Computer erzeugten Szenen dann elektronisch in die mit Schauspielern gedrehten Szenen einkopiert.

FILMPROJEKTOREN

Digitale Filmprojektoren besitzen sehr helle Lampen zur Lichterzeugung sowie computergesteuerte Filter, ähnlich wie bei LCD-Fernsehern (S.28). Das Bild wird dann mittels großer Linsen auf die Kinoleinwand projiziert. In modernsten Geräten arbeiten drei starke Laser: einer für Rot, einer für Grün und einer für Blauviolett. Aus diesen drei Grundfarben lassen sich alle Farbtöne erzeugen. Helligkeit und Position der Laserstrahlen werden blitzschnell per Computer so gesteuert, dass auf der Leinwand helle, scharfe Farbbilder entstehen.

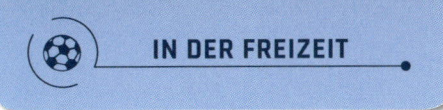

WASSERSPORT & FUSSBALL

Sport und Bewegung sind gesund – ob sie nun im oder auf dem Wasser stattfinden, auf dem Sportplatz oder im Stadion vor Zuschauern. So manche Sportart erfordert ausgefeilte technische Gerätschaften.

SEGELBOOT

Sportboote bestehen meist aus speziellem Kunststoff und haben nur einen Mast. Er trägt die Segel, muss also den vollen Winddruck aushalten und ist mit Seilen am Rumpf abgestützt. Je nach Windrichtung und gewünschtem Kurs muss man die Segel einstellen, das macht man mit speziellen Seilen. Das Steuerruder am Heck regelt die Fahrtrichtung.

Der **Mast** trägt die Segel und überträgt ihre Schubkraft aufs Boot.

Das **Vorstag** stützt den Mast gegen Zugkräfte nach hinten.

Das **Backstag** stützt den Mast gegen Zugkräfte nach vorn.

Großsegel

Focksegel

Die **Pantry** mit Herd und Spüleinrichtung dient zum Kochen.

Backbord heißt die linke Seite des Boots.

Der **Fockbaum** dient zum Aufspannen des Focksegels.

Der **Großbaum** ist eine Stange aus Holz oder Aluminium zum Aufspannen des Großsegels.

Die **Reling** verhindert, dass jemand über Bord fällt.

Heck

Bug

Mit dem **Ruderblatt** kann man die Fahrtrichtung des Boots steuern.

Der **Kiel** stabilisiert gegen den Winddruck am Segel und ermöglicht das Fahren gegen den Wind.

Steuerbord nennt man die rechte Seite des Boots.

Die **Wanten** stützen den Mast seitlich.

Ein Segelschiff kann nicht nur genau in Windrichtung „vor dem Wind" fahren:
Je nach Segelstellung vermag man auch schräg zum Wind zu fahren: Die Windkraft, die sich aus unterschiedlichen Richtungen auf die Segel ausübt, addiert sich zur Antriebskraft in eine Fahrtrichtung.

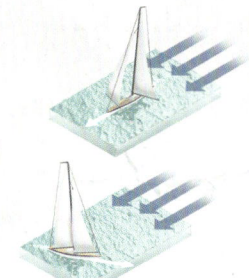

Will man allerdings gegen den Wind vorwärts kommen, muss man „kreuzen", also das Ziel im Zickzackkurs ansteuern.

TAUCHGERÄT

Das **Druckminderungsventil** setzt den hohen Luftdruck in den Flaschen auf Normaldruck herab.

Mit der **Taschenlampe** kann man unter Wasser Lichtsignale geben oder leuchten.

Pressluftflaschen speichern den unter hohem Druck zusammengepressten Luftvorrat.

In die **Tarierweste** kann der Taucher mehr oder weniger Luft füllen und so seinen Auftrieb regeln.

Der **Oktopus** ist ein Atemreglersystem für Notfälle oder einen Tauchpartner.

Die **Tauchermaske** ermöglicht scharfes Sehen unter Wasser.

Bleigewichte dienen zum Ausgleichen der Auftriebskraft.

Der **Neoprenanzug** schützt den Taucher vor zu hohem Wärmeverlust in kühlem Wasser.

Die **Schwimmflossen** ermöglichen schnelleres Vorwärtskommen im Wasser.

Die **Druckanzeige (Finimeter)** zeigt den Füllstand in den Flaschen.

Der **Tauchercomputer** zeigt Tauchdauer und Tauchtiefe an und errechnet die jeweilige Dekompressionszeit.

TORLINIENTECHNIK

Hochgeschwindigkeitskameras beobachtem im Stadion die Torbereiche aus unterschiedlichen Winkeln. Sie erzeugen etwa 500 Bilder pro Sekunde und übertragen sie per Glasfaserkabel (S. 27) zu einem Computer. Der errechnet daraus blitzschnell die Ballposition auf wenige Millimeter genau. So kann der Schiedsrichter Tore prüfen, bei denen er nicht sicher ist.

MUSIKINSTRUMENTE

Musik zählt natürlich zum Bereich Kunst. Musikinstrumente aber, also Vorrichtungen zum Produzieren von Tönen, sind durchaus technische Geräte.

GEIGE (VIOLINE)

Die vier Saiten einer Geige sind auf unterschiedliche Tonhöhen gestimmt. Die Saiten schwingen beim Spielen und erzeugen so die Töne. Durch Druck mit dem Finger auf das Griffbrett kann der Geiger den schwingenden Teil jeder Saite verkürzen und so die erzeugten Töne verändern. Der hohle Resonanzkörper aus Decke, Boden und Seitenteilen erhöht die Lautstärke. Der Ton erklingt aus dem Schallloch.

TROMPETE

Bei Blasinstrumenten schwingt die Luftsäule im Rohrsystem. Die Länge der Luftsäule im Trompetenrohr bestimmt die Höhe des erzeugten Tons – je länger sie ist, desto tiefer der Ton. Angeregt werden die Schwingungen von den Lippenschwingungen des Bläsers am Mundstück. Er muss sie aber der Höhe des gewünschten Tons anpassen.

KLAVIER

HAMMERMECHANIK

Drückt der Pianist auf eine Taste, hebt sie den Dämpfer vom angeschlagenen Saitenchor. Gleichzeitig schlägt über einen Hebel ein kleiner Hammerkopf schwungvoll gegen die Saiten: Der Ton erklingt.

Drückt der **Dämpfer** auf eine Saite, schwingt sie nicht mehr.

Der **Hammerkopf** ist mit Filz bedeckt.

Der **Hebel** erhöht die Schwungkraft des Hammers.

Taste

Der **Metallrahmen** muss die hohe Zugkraft der gespannten Saiten aufnehmen.

Die **Saiten** bestehen meist aus Stahl.

Der **Resonanzboden** erhöht die Lautstärke der Töne.

Mit den **Wirbeln** spannt der Klavierstimmer die Saiten, bis sie die richtige Tonhöhe erzeugen.

Die **Klaviatur** besteht aus 88 Tasten (52 weiße, 36 schwarze).

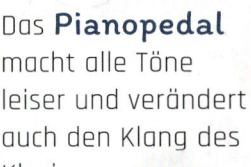

Das **Pianopedal** macht alle Töne leiser und verändert auch den Klang des Klaviers.

Tonhaltepedal lässt den gerade angeschlagenen Ton ohne Dämpfung weiter erklingen.

Das **Fortepedal** hebt alle Dämpfer von den Saiten ab und erzeugt so lauteren und volleren Klang.

KEYBOARD UND ELEKTRONISCHES KLAVIER

Das Keyboard besitzt zwar eine Klaviertastatur, erzeugt die Töne aber auf rein elektronischem Weg in Form eines schwingenden elektrischen Stroms. Es zeichnet sich dadurch aus, dass es eine Vielzahl unterschiedlicher Klänge erzeugen kann. Darunter auch sehr gute Nachahmungen natürlicher Instrumente. So kann man etwa die Töne eines hochwertigen normalen Flügels mit Mikrofonen aufnehmen, sie speichern und dann mit elektronischen Klavieren wiedergeben.

Schall und Töne

Die Schwingungen der Geigensaite übertragen sich auf die Luft und breiten sich als Luftschwingungen (Schall) aus. Treffen sie auf das Trommelfell und auf die Hörnerven im Ohr, hören wir den Schall. Die Frequenz, also die Zahl der Schwingungen pro Sekunde, bestimmt die Tonhöhe: Je höher die Frequenz, desto höher der Ton.

ELEKTRISCHE GITARRE

Diese Instrumente haben, wie akustische Gitarren, sechs auf unterschiedliche Tonhöhe gestimmte Saiten. Anders als herkömmliche Gitarren haben E-Gitarren keinen Resonanzkörper, sondern Tonabnehmer, die an elektrische Verstärker und Lautsprecher angeschlossen werden.

ELEKTRISCHE GITARRE

Am **Gitarrenkörper** (Corpus) sind die Saiten und der Hals befestigt, außerdem enthält er elektrische Einrichtungen sowie Befestigungsknöpfe für den Gitarrengurt.

Der **Tonabnehmer** setzt die Saitenschwingungen in elektrische Schwingungen um. Es gibt mehrere für jeweils unterschiedlichen Klang.

An der **Buchse** wird das Kabel zum Verstärker und Lautsprecher angeschlossen.

Das **Griffbrett** ist mit Bundstäbchen unterteilt. Fingerdruck auf eine Saite über dem **Bundstäbchen** verkürzt den schwingenden Teil der Saite; der Ton wird höher.

Die **Drehregler** dienen zum Einstellen von Lautstärke und Ton.

Der **Steg** spannt die Saiten so auf, dass sie frei schwingen können.

Die **Kopfplatte** trägt die Mechanik zum Stimmen der Saiten.

Mit dem **Saitenhalter** sind die Saiten auf dem Gitarrenkörper befestigt.

Der **Hals** trägt das Griffbrett.

Mit dem **Vibratohebel** kann man die Tonhöhe verändern und so ein Tremolo erzeugen.

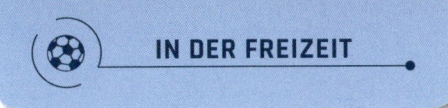

AUF ZWEI RÄDERN: DAS FAHRRAD

Dieses scheinbar so simple Verkehrsmittel enthält einige bemerkenswerte technische Tricks. Das gilt für Rennräder aus speziellen Hochleistungsmaterialien ebenso wie für ein Mountainbike.

FAHRRAD

Der **Gepäckträger** bietet Platz für Einkäufe oder Ausrüstung für längere Touren. Reicht das nicht, kann man ihn durch große Seitentaschen ergänzen.

Das **Schutzblech** schützt den Fahrer gegen hochgeschleuderten Schmutz.

Die **Kette** verbindet das Kettenblatt mit der Hinterradachse.

Seilzug

Der **Lenker** dient zum Steuern des Rads und zum Festhalten.

Die **Gabel** trägt das Vorderrad.

Die **Speichen** verbinden die Felge mit der Nabe.

Die **Nabe** sitzt auf der Radachse.

Durch das **Ventil** kann man Luft in den Reifen pumpen, es lässt sie aber nicht wieder heraus.

Die **Kurbel** überträgt die Pedalkraft aufs **Kettenrad**.

In die **Pedale** muss man treten, um vorwärtszukommen.

Der **Rahmen**, meist aus Stahlrohren, gibt dem Rad Stabilität.

Die **Reifen** bestehen meist aus Mantel und Schlauch. Der Mantel hat ein Profil. Es sorgt für gute Haftung auf der Straße. Der Schlauch ist luftgefüllt und fängt Stöße beim Fahren auf.

Die **Felge** trägt den Reifen.

GANGSCHALTUNG

Das ist eine besondere Art Getriebe, die das Fahren in unterschiedlichen Situationen erleichtert: Man kann immer ungefähr gleich schnell in die Pedale treten, egal ob man auf ebener Strecke, bergab oder bergauf fährt. Mit der Gangschaltung am Lenker kann man den jeweiligen Gang wählen: kleine Gänge für langsame Fahrt, große für schnelle Fahrt.

1. Beim Anfahren oder wenn es bergauf geht, wählt man einen kleinen Gang. Die Kette liegt auf einem großen Ritzel. Dann dreht sich das Hinterrad zwar relativ langsam, aber man muss selbst bergauf nicht zu kräftig treten.

2. Bei rascher Fahrt wählt man einen hohen Gang. Dann liegt die Kette auf einem kleinen Ritzel und jede Kettenblattumdrehung dreht das Hinterrad gleich mehrmals.

Schaltwerk

Das **Schaltwerk** verschiebt die Kette auf ein kleineres oder größeres Ritzel.

Über einen **Seilzug (Bowdenzug)** ist der Gangschaltungshebel mit dem Schaltwerk verbunden.

BREMSEN

Handbremshebel am Lenker lösen per Seilzug die Bremse an Vorder- oder Hinterrad aus. Dann pressen sich Bremsklötze fest an die Felgen und verringern durch Reibung das Tempo.

MOUNTAINBIKE

Dieses robuste Fahrrad ist zum Fahren im Gelände gedacht. Es hat Reifen mit tiefen Profilen und ein besonders massives Gestänge, aber oft kein Licht und keine Klingel. So darf es auf öffentlichen Straßen nicht benutzt werden.

LUFTPUMPE UND VENTIL

Luftpumpen enthalten einen Kolben, der beim Hinunterschieben die Luft in der Röhre zusammenpresst. Im Kolben sitzt ein Ventil, durch das beim Hochziehen des Griffs wieder Luft in die Röhre strömt. Auch am Reifen arbeitet ein Ventil.

ELEKTROFAHRRAD

Lange Strecken und besonders Steigungen strengen beim Radeln an. Elektrofahrräder machen das Fahrradfahren leichter. Sie besitzen einen kleinen elektrischen Antriebsmotor und einen leistungsfähigen Akku als Stromlieferanten, dazu eine elektronische Steuereinheit. Der Motor schaltet sich aber nur ein, wenn man gleichzeitig die Pedale tritt. Manche Modelle gewinnen beim Bremsen elektrischen Strom, der wieder in den Akku fließt.

FAHRRADCOMPUTER

Diese Geräte versorgen Radler mit Informationen, etwa über das Tempo oder die bisher zurückgelegte Strecke. Sie werden meist an den Lenker geklemmt und arbeiten mit Batterien. Man kann Tageskilometer und Gesamtstrecke ablesen, gefahrene Zeit, aktuelle Geschwindigkeit und Durchschnittstempo, Höhe über dem Meer, zurückgelegte Steigungen und Gefälle, Uhrzeit und Temperatur. Manche Geräte geben sogar Pulsfrequenz und Kalorienverbrauch an.

FERNGESTEUERTE MODELLE

Kleine Schiffe, Flugzeuge, Autos oder Eisenbahnzüge, die aus der Ferne gesteuert werden können, sind beliebt bei Kindern und Erwachsenen.

QUADROCOPTER

Je ein **Elektromotor** treibt die Propeller.

Die **Fernsteuerungseinheit** sendet und empfängt Steuerdaten in Form von Funksignalen.

Das **GPS (S. 129)** erkennt und meldet die exakte Position des Quadrocopters anhand der Signale von Navigationssatelliten.

Die **Propeller** erzeugen Luftströme, die das Gerät in die Höhe und vorwärts treiben.

Akkus liefern den Strom für alle Bausteine des Quadrocopters.

Die **Antenne** überträgt Funksignale zwischen Quadrocopter und Fernsteuerung am Boden.

Die **Stabilisierungseinheit** prüft und korrigiert selbstständig die Fluglage, um einen Absturz zu verhindern.

Kameras übertragen scharfe Bilder aus der Luft und helfen beim Steuern des Quadrocopters.

Die **Motorregelung** steuert je nach empfangenen Steuersignalen automatisch die Drehgeschwindigkeit der Motoren.

Funkfernsteuerung

Flugmodelle, Modellautos, Drohnen, Modellschiffe und viele andere Geräte können per Funk aus der Ferne gesteuert werden. Dazu enthält die Fernbedienung neben diversen Bedienungselementen eine Sendeanlage und eine Antenne. Das ferngesteuerte Modell enthält einen Funkempfänger mit Antenne und eine Steuereinheit, die etwa Antriebsmotoren und Steuerelemente wie Räder oder Steuerruder betätigt. Die Anlagen dürfen nur bestimmte, für diesen Zweck vorgesehene Funkfrequenzen nutzen.

ELEKTRISCHE EISENBAHNANLAGE

Modelleisenbahnanlagen gibt es in unterschiedlichen Größen und Spurweiten, und manche Anlagen erstrecken sich über erstaunlich große Flächen. All die vielen Einrichtungen müssen gesteuert werden: Signale, Weichen, mehrere Züge, manchmal auch weitere Bestandteile wie Lichtanlagen, kleine Autos und Drahtseilbahnen. Als Antrieb nutzt man heute winzige Elektromotoren. Drähte und Schienen versorgen die Teile mit elektrischem Strom und können auch digitale Steuersignale übertragen. Größere Anlagen steuert man meist sogar direkt per Computer, der auf dem Bildschirm einen Gleisplan mit allen Zügen, Signalen und Weichen darstellt.

GESTEUERT WIRD DER QUADROCOPTER PER FERNBEDIENUNG:

Die Antenne sendet Steuerungsbefehle und empfängt Bildsignale und Flugdaten. Die Motorregler dienen zur Steuerung des Quadrocopters. Der Bildschirm zeigt das von der Kamera des Geräts aufgenommene Bild. Auf Knopfdruck kann es gespeichert werden.

Stromversorgung mit Batterien

Die meisten elektronischen Kleingeräte werden mit Strom aus Batterien versorgt. Man kann sie mit normalen Batterien betreiben, die nach Gebrauch entsorgt werden müssen, oder mit Akkus, die man nach Leerung in speziellen Ladegeräten wieder aufladen kann; sie liefern dann erneut Strom. Einzelne Batterien liefern aber meist nicht genug Kraft (elektrische Spannung, S. 8) für die vorgesehene Aufgabe. Daher verbindet man Einzelbatterien in einer Reihenschaltung miteinander. So addieren sich ihre Spannungen. Allerdings muss dabei immer ein Plus-Anschluss (Zeichen +) mit einem Minus-Anschluss (Zeichen –) verbunden werden. Geräte, die man im Haus betreibt, kann man oft auch mit Strom aus der Steckdose versorgen. Dazu braucht man das zum Gerät passende Netzteil, das die genau richtige elektrische Spannung liefert.

KLEINWERKZEUGE

Kleine Helfer können uns im Alltag und bei der Arbeit viel Mühe und Kraft sparen. Aber gerade bei alltäglichen Dingen wie Nagel, Schraube und Flaschenöffner denken wir nur selten darüber nach, wie sie funktionieren.

NAGEL UND HAMMER

Warum ein Nagel unten spitz ist, merkt man sofort, wenn man ihn einmal umgekehrt ins Holz zu schlagen versucht: Das ist deutlich schwieriger. Und wie ist es beim Hammer? Der sammelt während des Schwingens Energie und setzt sie beim Auftreffen blitzschnell frei – und treibt so den Nagel ins Holz.

Der Hammer übt auf dem **Nagelkopf** Kraft auf eine größere Fläche aus.

Die **Nagelspitze** gibt diese Kraft ins Holz ab, aber auf eine viel kleinere Fläche konzentriert. Daher die große Wirkung.

DER LÄNGERE WEG

Mit dem Fahrrad einen steilen Abhang hochzufahren, erfordert deutlich größere Anstrengung als eine gewundene, wenn auch längere Straße zu benutzen. Hier wirkt nämlich ein physikalisches Prinzip: Ein längerer Weg kann Kraft sparen. Dieses Prinzip liegt auch Schraube, Korkenzieher und Bohrer zugrunde.

SCHRAUBEN

Mit Schrauben kann man feste, aber wieder lösbare Verbindungen herstellen. Sie halten dank der Reibungskraft zwischen ihrer Fläche und dem Material, in dem sie stecken. Metallschrauben haben ein Außengewinde, zu dem es passende Muttern mit Innengewinde gibt. Schrauben für Holz oder Kunststoff schneiden sich ihr Gegengewinde selbst.

GEWINDE IM WASSERHAHN

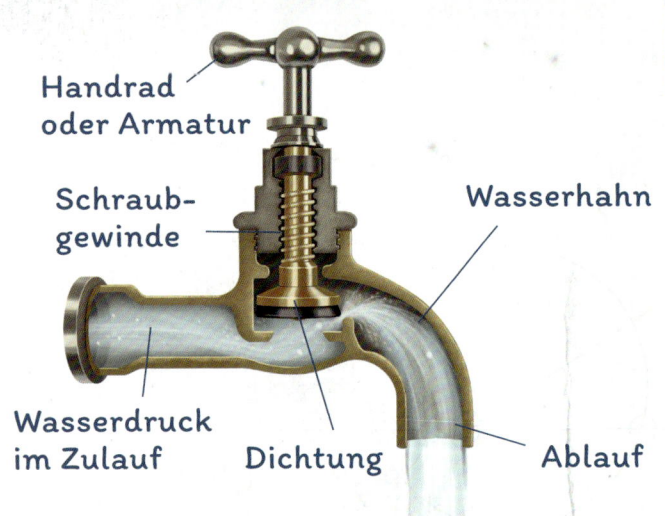

Handrad oder Armatur

Schraub-gewinde

Wasserhahn

Wasserdruck im Zulauf

Dichtung

Ablauf

Dank des Schraubgewindes im Wasserhahn kann man die Dichtung trotz kräftigen Gegendrucks des Wassers leicht bewegen. Sie einfach hineinzudrücken würde man nicht schaffen – wie jeder weiß, der mal versucht hat, das Wasser per Daumendruck zu stoppen.

DÜBEL

Dank dieser kleinen, meist aus Kunststoff bestehenden Teile lässt sich eine Schraube zuverlässig in einer Wand befestigen. Es gibt je nach Wandmaterial und vorgesehener Belastung zahlreiche Typen. Am weitesten verbreitet sind Spreizdübel.

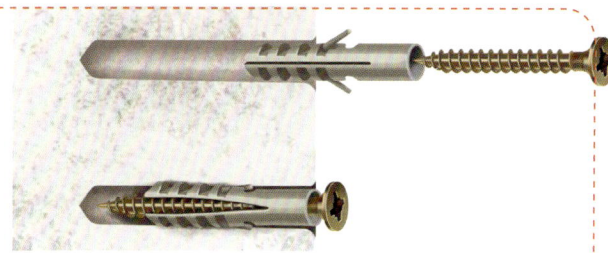

1. Beim Eindrehen der Schraube schneidet sie sich ein Innengewinde und spreizt den Dübel. Die herausstehenden Laschen verhindern, dass sich der Dübel dabei mitdreht.

2. Der Kunststoff des Dübels drückt sich fest an die Wand des Lochs und verhakt sich dort. Zudem drückt ihn die Schraube fest gegen die Wand. Beides zusammen sorgt für hohe Reibung und damit für Stabilität der Verbindung.

NUSSKNACKER, FLASCHENÖFFNER UND CO

Ein leichtes Kind kann auf der Wippe auch ein schwereres empordrücken, wenn es sich weiter entfernt vom Drehpunkt setzt als das leichte Kind. Man nennt dies das Hebelprinzip. Es wirkt auch bei einer Zange oder einem Nussknacker: Dank ihrer langen Griffe kann man fest zudrücken.

GETRIEBE

Getriebe dienen dazu, Drehzahlen in einem bestimmten Verhältnis zu verändern und dabei auch Kräfte zu übertragen. Dreht man das große Zahnrad fünfmal, dreht sich das kleine 20-mal, denn das große Rad hat den vierfachen Durchmesser des kleinen. Das kleine Rad hat aber nur ein Viertel vom Drehmoment des großen, kann also nur ein Viertel an Kraft übertragen.

ZAHNRÄDER IN DER UHR

In alten Uhren kann man gut die Zahnräder erkennen. Dreht sich z. B. das kleine Zahnrad zehnmal, macht das große Rad nur eine Umdrehung, weil es zehnmal so viele Zähne hat wie das kleine Rad (Verhältnis 10:1).

ZAHNRÄDER IN AUTO UND FAHRRAD

Zahnradgetriebe findet man in vielen Maschinen und nicht zuletzt im Auto, wo es zur Gangschaltung dient. Bei kleinen Gängen (Anfahren, Bergauffahren) dreht der Motor ein kleines Zahnrad, das mit einem großen Rad verbunden ist. Es läuft langsamer, überträgt aber besonders viel Kraft auf die Räder. Eine Sonderform ist das Kettengetriebe beim Fahrrad: Hier sind die gezähnten Räder mit einer Gliederkette verbunden (S. 41).

BOHRMASCHINE UND DREHBANK

Die Elektrobohrmaschine zählt zu den wichtigsten Werkzeugen von Handwerkern und vielen Heimwerkern, denn sie kann sehr viel mehr als nur bohren. Wer runde Teile herstellen oder bearbeiten will, kann das am besten mit einer Drehbank tun.

BOHRMASCHINE

Das **Gebläse** kühlt den Motor als Schutz gegen Überhitzung.

Der **Elektromotor** treibt den Bohrer an.

Der **Drehzahlregler** dient zum Verändern der Motordrehzahl.

Mit dem **Drehrichtungswechsler** kann man die Drehrichtung der Maschine umschalten.

Der **Spiralbohrer** gräbt sich beim Drehen ins Material und erzeugt das Loch.

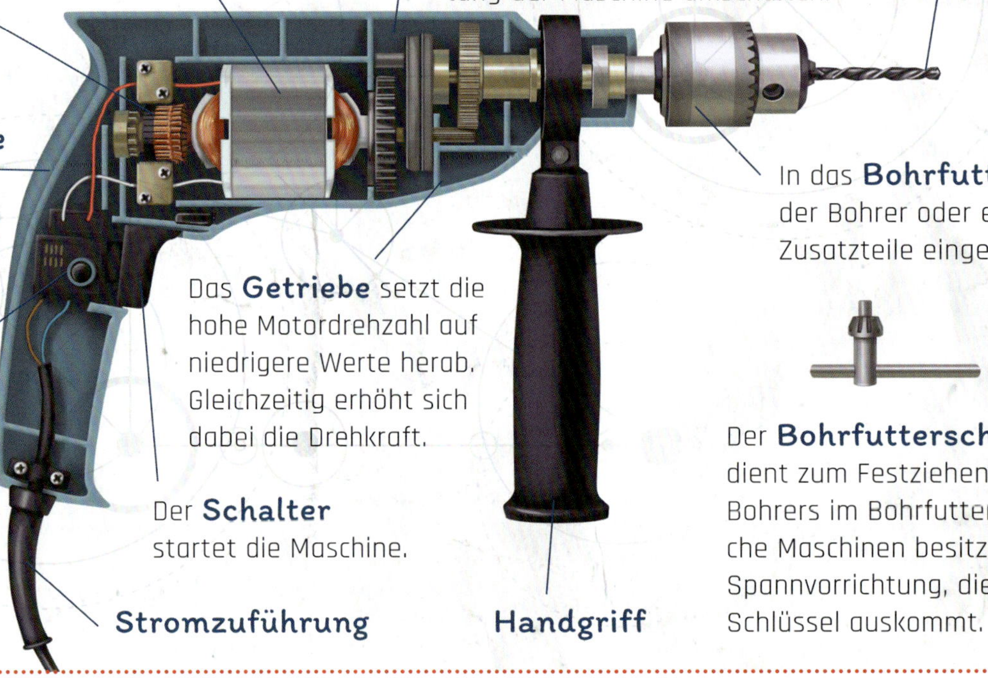

Schutzgehäuse

In das **Bohrfutter** wird der Bohrer oder eines der Zusatzteile eingespannt.

Das **Getriebe** setzt die hohe Motordrehzahl auf niedrigere Werte herab. Gleichzeitig erhöht sich dabei die Drehkraft.

Der **Feststeller** hält den Schalter eingeschaltet, sodass man ihn nicht ständig drücken muss.

Der **Schalter** startet die Maschine.

Stromzuführung

Handgriff

Der **Bohrfutterschlüssel** dient zum Festziehen des Bohrers im Bohrfutter. Manche Maschinen besitzen eine Spannvorrichtung, die ohne Schlüssel auskommt.

Zusatzteile eines Bohrers

Spiralbohrer für Holz und Metall
Betonbohrer für Beton und Stein
Lochsäge zum Aussägen großer runder Löcher
Farbquirl zum Durchmischen und Aufrühren von Malerfarbe
Fräsen zum spanabhebenden Bearbeiten von Holz oder Metall

Drahtbürste zum Entfernen von Rost, Farbschichten oder Schmutz
Schleifteller zum Aufspannen von Schleifpapier für Schleifarbeiten
Polierhaube zum Polieren (Glätten) von Oberflächen
Biegewelle zum Bearbeiten schlecht zugänglicher Stellen

WINKELSCHLEIFER (FLEX)

Gerät zum Schleifen und Abtrennen unterschiedlicher Materialien. Es besteht aus einem Elektromotor und einem Winkelgetriebe, das die Drehbewegung auf eine Halterung überträgt, in die man unterschiedliche dünne runde Scheiben einspannen kann. Schleifscheiben dienen zum Entrosten oder Entgraten. Trennscheiben bestehen aus besonders hartem Material. Dank der schnellen Drehung wirkt ihr Scheibenrand wie eine Säge und schneidet Stein, Metall und andere Werkstoffe rasch durch.

DREHBANK

Will man runde Scheiben, Wellen oder andere runde Gegenstände herstellen oder bearbeiten, ist eine Drehbank ideal. Dazu wird der Werkstoff beidseitig eingespannt und gedreht und kann nun von der Seite her bearbeitet werden. Zum Bearbeiten nutzt man spanabhebende Werkzeuge wie Meißel oder Feilen. Mithilfe des Schlittens können sie langsam am Werkstück entlanggeführt werden.

LASER-ENTFERNUNGSMESSER

Diese handlichen Geräte geben recht genau Entfernungen bis zu einigen dutzend Metern an. Ein Laserstrahl hilft beim Anpeilen des Zielpunkts. Das Gerät misst dann die Laufzeit eines Laserlichtpulses vom Gerät zum Zielpunkt und zurück und errechnet daraus die Entfernung auf wenige Millimeter genau.

Elektromotor (S.87)

Zahllose Maschinen und Haushaltsgeräte beziehen ihre Kraft aus elektrisch betriebenen Motoren. Es gibt Elektromotoren in zahllosen Bauformen und Größen, je nach Anwendung. Das Grundprinzip aber ist immer gleich. Im Motor erzeugen stromdurchflossene Drahtspulen magnetische Kräfte. Diese Spulen sind teils fest sitzend (sie bilden den Stator), teils drehbar gelagert (auf dem Rotor, also der Motorwelle). Bei eingeschaltetem Motor üben die Spulen rasch wechselnde abstoßende und anziehende Magnetkräfte aufeinander aus, die eine gleichmäßige Drehung der Welle bewirken.

LEITUNGSFINDER

Beim Bohren in die Wand besteht stets die Gefahr, elektrische Leitungen oder Wasserrohre zu treffen. Ein Ortungsgerät entdeckt dank verschiedener umschaltbarer Messmethoden solche Hindernisse und zeigt ihre Position an. Stromdurchflossene Leitungen etwa senden schwache Magnetimpulse aus, die das Gerät auffängt. Bei der Suche nach Metallrohren erzeugt das Gerät selbst Magnetkräfte und misst deren Veränderungen in der Nähe von Metall. Auf ähnliche Weise, durch vom Gerät erzeugte Radiowellen und deren Veränderungen, entdeckt es auch nicht metallische Gegenstände, etwa Holzbalken, in der Wand.

WERKZEUGMASCHINEN

In der Industrie wird zur Materialbearbeitung eine Fülle spezieller Maschinen eingesetzt, die jeweils für den vorgesehenen Zweck und das zu bearbeitende Material optimiert sind. Man nennt sie Werkzeugmaschinen, weil sie im Großen Arbeiten verrichten, für die man sonst kleine Werkzeuge nutzt.

BANDSÄGE

Während in Werkstätten vor allem Kreissägen mit rotierendem Sägeblatt verwendet werden, sind in der industriellen Fertigung eher Bandsägen gebräuchlich. Ihr Sägeblatt hat die Form einer geschlossenen Kette, die über zwei Räder geführt und von einem Elektromotor angetrieben wird. Sie ermöglicht sehr genaue, auch endlose Schnitte in fast jeder Art von Material – sogar in Gefrierfleisch.

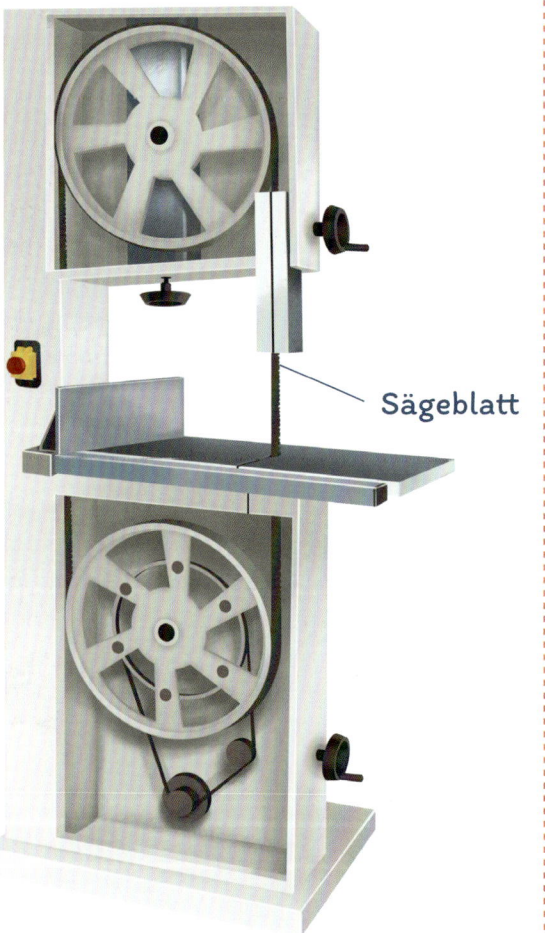

Sägeblatt

TAFELSCHERE

Damit kann man bis zu 15 m lange Schnitte durch Blech oder Kunststoffplatten herstellen. Das Werkstück wird von einem „Niederhalter" festgehalten, und dann fährt ein Messer von oben her neben ein Untermesser unter dem Werkstück und führt so den Schnitt aus – ähnlich wie bei einer normalen Schere.

HOBELMASCHINE

Sie dient zum Schneiden oder Glätten von Holz oder Metall und kann sowohl ebene als auch gekrümmte Flächen herstellen. Dabei wird das Werkstück durch die Maschine bewegt. Der mit einer scharfen Schneide ausgestattete Hobel bleibt dagegen ortsfest.

STANZMASCHINE

Damit kann man Löcher jeder Größe oder Form etwa in Blech stanzen oder auch Scheiben jeder Form erzeugen. Dazu dienen entsprechende Stempel, die automatisch und auf Bruchteile eines Millimeters genau mit gewaltiger Kraft auf das Rohmaterial gepresst werden und es durchdringen.

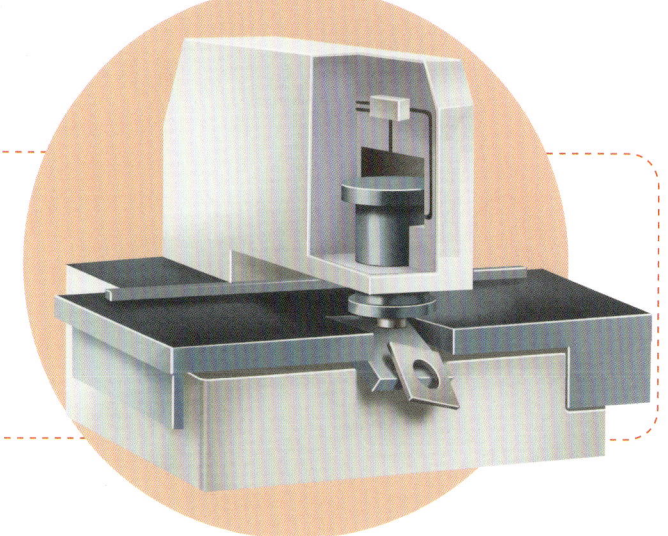

FRÄSMASCHINE

Fräsen arbeiten mit rotierenden Werkzeugen, die scharfe Schneiden haben und damit Span für Span abheben. Mit modernen Fräsmaschinen kann man ein Werkstück von allen Seiten her bearbeiten und dank Computersteuerung kompliziert geformte Gegenstände herstellen – und zwar millimetergenau.

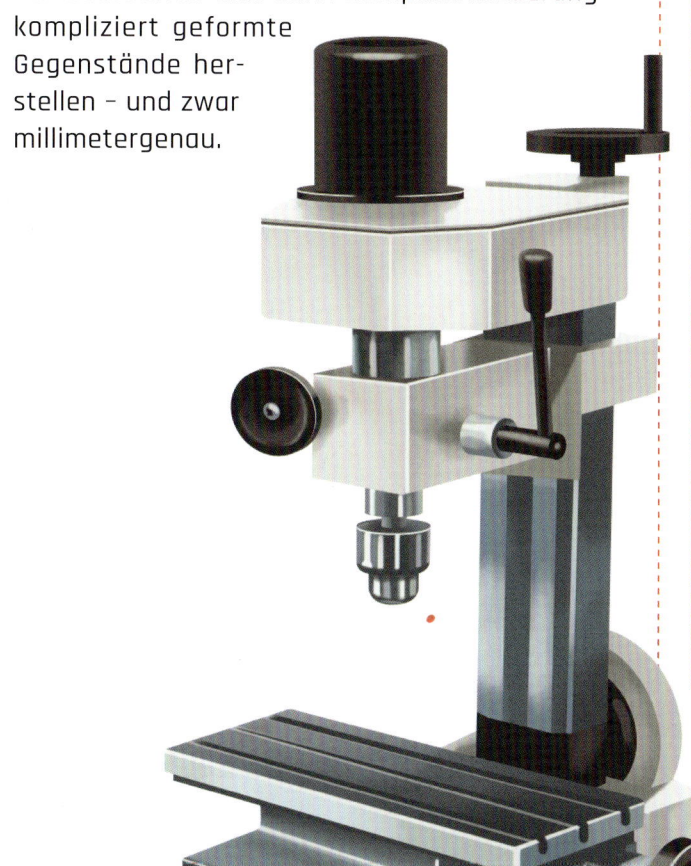

CNC-Steuerung

In modernen Fabriken läuft die Fertigung von Gegenständen weitgehend automatisch ab. Zwar müssen die Teile oft noch von Hand in die Maschine geschoben werden, die den nächsten Fertigungsschritt ausführt, aber die genaue Einstellung der Maschinenteile und -werkzeuge und die Arbeitsabläufe in der Maschine werden per Computer gesteuert und überwacht. Da dies vor allem über Zahleneingaben geschieht – Millimeter, Winkelgrade, Sekunden –, nennt man dies CNC. CNC ist eine Abkürzung für *Computerized Numerical Control*, also computergestützte numerische Steuerung. Meist erhält die Maschine ihre Anweisungen von einem zentralen Computer, der die Arbeitsabläufe der gesamten Fertigung steuert und kontrolliert.

STAHLHERSTELLUNG IM HOCHOFEN

Stahl, eine besonders zähe und gut zu bearbeitende Art Eisen, ist der weltweit in größter Menge herge-stellte Werkstoff. Maschinen, Brücken, Autos, Schiffe, Eisenbahnschienen, Türme von Windkraftanlagen und vieles andere wird daraus gefertigt. Auch ist es ein wichtiges Baumaterial, zumal wenn es mit Beton zu Stahlbeton kombiniert wird. Und Stahl ist umweltfreundlich: Stahlschrott lässt sich erneut einschmel-zen.Ausgangsmaterial für Stahl ist Eisenerz, das man in gewaltigen Mengen vor allem in Westaustralien, Brasilien und China mit riesigen Maschinen aus der Erde gräbt (S. 60). Von dort bringen es Eisenbahnzüge und Schiffe zu den Verarbeitungsstätten in Industrieländern (S. 106).

HOCHOFEN

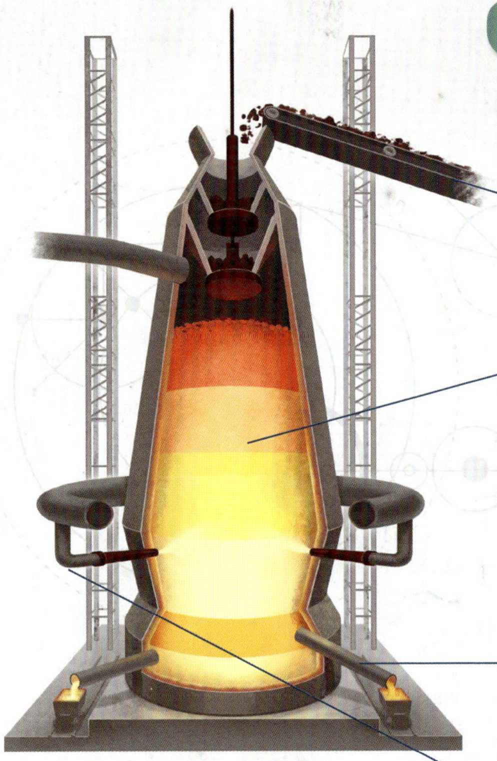

Das **Erz** wird gereinigt und mit Koks, entgaster Kohle, gemischt in einen riesigen Hochofen gefüllt.

Bei **Temperaturen** von etwa **1600 Grad Celsius** entsteht aus dem Erz flüssiges Eisen.

Hochöfen arbeiten jahrelang ohne Pause und liefern dabei täglich bis zu 12 Millionen Kilogramm glutflüssiges Eisen! Es wird von Zeit zu Zeit abge-lassen („abgestochen") und in feuer-festen Spezialwaggons zum Stahlwerk gefahren.

Eingeblasene heiße Luft verbrennt den Koks und erzeugt Gase, die das Erz in flüssiges Eisen umwandeln.

Das Roheisen enthält noch viele Verunreinigungen und zudem zu viel Kohlenstoff aus der Kohle. Daher füllt man es (meist zusammen mit Eisenschrott aus der Wiederverwertung) in ein feuerfestes, kippbares Gefäß, einen Konverter, und bläst Sauerstoff hinein. Er verbrennt alle störenden Verun-reinigungen. Oft gibt man bestimmte Metalle in den Konverter, die sich in der Hitze mit dem Stahl vermischen und ihn besonders hart, widerstandsfähig, rostfrei oder elastisch machen – so entsteht Edelstahl für besondere Anwendungszwecke.Durch Gießen, Walzen oder Schmieden wird der Stahl schließlich in die gewünschte Form gebracht.

ERDÖLVERARBEITUNG

Erdöl zählt zu den meistverwendeten Stoffen der Erde. Es wird aus dem Boden gepumpt, fließt dann durch Pipelines zum nächsten Hafen und wird mit Tankschiffen in die Industrieländer gebracht. Dort dient es als Brennstoff für Kraftwerke, als Treibstoff für Verkehrsmittel oder als Rohstoff für die chemische Industrie, die daraus zahlreiche nützliche Stoffe herstellt. Das dunkelbraune, zähflüssige Rohöl ist ein Gemisch aus zahllosen Einzelsubstanzen und Verunreinigungen. Es muss gereinigt und in seine Bestandteile aufgetrennt werden. Das geschieht in der Raffinerie.

FRAKTIONIERTE DESTILLATION

Man erhitzt das Rohöl auf etwa **360 Grad Celsius**, sodass ein Großteil verdampft, und leitet den Dampf dann in einen Destillationsturm. Darin steigt er langsam auf und kühlt dabei ab.

Gase (unter 30 Grad Celsius, als Heizgase verwendet)

Benzine (30–180 Grad Celsius, als Treibstoff)

Mitteldestillat (180–250 Grad Celsius, Petroleum, Flugzeugtreibstoff Kerosin)

Heizöl 250–360 Grad Celsius (Heizöl, Dieseltreibstoff)

Beim **Aufsteigen** verflüssigt sich jeweils ein Teil der Inhaltsstoffe und wird seitlich abgelassen.

Cracken (Zertrümmern): Die Rohöldestillation liefert längst nicht so viel Benzin, wie gebraucht wird. Daher zerkleinert man mit chemischen Mitteln die Moleküle der Schweröle. Zu den dabei entstehenden Stoffen mit kleineren Molekülen zählt auch Benzin. Das so gebildete Stoffgemisch wird wiederum durch Destillation in seine Bestandteile aufgetrennt.

Was **im Heizkessel** zurückbleibt, wird nochmals destilliert und in schweres Heizöl für Kraftwerke und Schiffsdiesel, Schmieröl und Bitumen (für Straßenbau) aufgetrennt.

Reforming: Das Rohbenzin ist für unsere leistungsstarken Automotoren nur bedingt geeignet. Es wird daher mit chemischen Methoden in hochwertiges Benzin umgewandelt.

AUTOHERSTELLUNG

Ein Auto besteht aus tausenden von Einzelteilen, die jeweils gefertigt, getestet und zusammengefügt werden müssen. Sie werden in verschiedenen Abteilungen des Autowerks hergestellt und dann im jeweils richtigen Moment in den Zusammenbau gegeben. Gesteuert werden der Zusammenbau und die unterschiedliche Farbgebung und Ausstattung jedes Wagens per Computer aufgrund der vorliegenden Bestellungen der Autohändler.

 Die **Entwicklungsabteilung** konstruiert ein neu geplantes Automodell lange vor Beginn der Fertigung in allen Einzelheiten am Computerbildschirm.

In der **Gießerei** entstehen im Gussverfahren größere Metallteile wie etwa der Motorblock.

 Das **Presswerk** fertigt aus Blech die Einzelteile der Karosserie.

In der **Lackiererei** bekommen die Blechteile Rostschutzbeschichtungen und farbigen Lack.

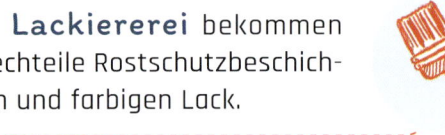

Beim **Karosseriebau** werden die Karosserie-Bestandteile zusammengefügt, also Dach, Türen, Kofferraumhaube usw.

Bei der **Fahrwerkfertigung** entsteht das Fahrwerk: Träger, Achsen, Stoßdämpfer, Bremsen usw.

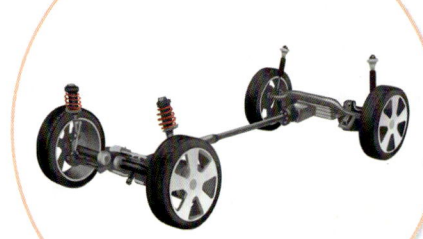

Zur **Innenausstattung** zählen unter anderem Innenspiegel, Handschuhfach, Schalter, Matten und Kunststoffverkleidungen.

Die **Außenausstattung** sorgt für Zierleisten, Stoßfänger, Außenspiegel, Auspuff, Spoiler usw.

Der **Getriebebau** setzt die Schaltgetriebe der Wagen zusammen.

Die **Motorenfertigung** setzt aus den Einzelteilen wie Zylinder, Kolben, Kurbel- und Nockenwellen, Zündkerzen, Kabeln und Schläuchen die Automotoren zusammen.

Bei der **Fahrzeugmontage** am Fließband entsteht das komplette Auto. Elektrische Kabel werden verlegt, Verkleidung und Armaturenbrett eingebaut, Scheinwerfer und Rückleuchten angeschraubt, der Motor auf das Fahrwerk gesetzt. Und schließlich findet die „Hochzeit" statt, wenn nämlich Fahrwerk und Karosserie zusammentreffen.

Fließband

Beim Fließbandprinzip ist der Fertigungsprozess in zahlreiche Abeitsschritte aufgeteilt, die jeweils ein Arbeiter vollführt. Er muss nur wenige, leicht zu lernende Handgriffe durchführen (aber bei jedem Arbeitsschritt die gleichen) und bekommt dafür die nötigen Einzelteile griffbereit zugeführt. Nach einer festgelegten Zeit rückt das Teil am Fließband ein Stück weiter zum nächsten Arbeiter, der weitere Arbeitsschritte daran ausführt. Am Ende läuft dann der fertige Wagen „vom Band". Heute dauert die Fertigung eines Autos etwa 15 Stunden, dank des Fließbandprinzips wird aber alle paar Minuten ein Wagen fertig.

Industrieroboter

Längst nicht alle Arbeitsschritte bei der Autoherstellung werden von Menschen ausgeführt. Viele Arbeiten übernehmen heute computergesteuerte Roboter. Besonders für Arbeiten, die sehr schwierig oder gefährlich sind oder besondere Präzision erfordern, werden Industrieroboter eingesetzt.

KUNSTSTOFFE UND KUNSTFASERN

Wir nutzen eine Fülle chemischer Produkte. Dazu zählen Waschmittel, Farben, Klebstoffe, Papier, Baumaterialien, Dünge- und Pflanzenschutzmittel, Arznei, Kosmetika, Porzellan, Lacke, Gegenstände aus Kunststoffen und vieles mehr. Auch elektronische Geräte, Autos und zahlreiche Industriezweige brauchen Chemieprodukte. Ihr Hersteller ist die chemische Industrie.

Rohstoffe sind oft Erdöl, Salz, Kalk und weitere Bodenschätze.

Die chemischen Umsetzungen (Reaktionen) laufen meist in großen Behältern **(Reaktoren)** ab, oft unter Hitze und Druck. Durch die Reaktionen entstehen neue Stoffe.

Rohrsysteme führen die Ausgangsstoffe und die in der Reaktion entstandenen Stoffe zur nächsten Stufe der Anlage und **Ventile** sorgen dafür, dass nur die richtigen Stoffmengen zugeführt werden. Die Herstellung jedes Produkts erfordert einige **Einzelschritte,** die im Laufe vieler aufeinanderfolgender chemischer Reaktionen in verschiedenen Reaktoren das gewünschte Produkt liefern. Chemiker haben Wege gefunden, die Nebenprodukte wiederum als Ausgangsstoffe zur Herstellung anderer nützlicher chemischer Produkte zu verwenden.

Zwischendurch müssen die jeweils gewünschten entstandenen Stoffe immer wieder von anderen Stoffen **gereinigt** werden, die ebenfalls entstehen.

Die Anlagen werden zentral gesteuert und überwacht. Die **Leitstelle** regelt per Computer jedes Ventil, kontrolliert und steuert Heizungen und Kühleinrichtungen der Reaktionsgefäße und den gesamten Stofffluss im Rohrsystem.

Eine **Werksfeuerwehr** steht bereit, um in Störfällen sofort einzugreifen.

SPRITZGIESSEN

Kunststoff wird durch Erwärmen verflüssigt, unter Druck in eine Form gespritzt und diese nach Erkalten geöffnet. So entstehen Formteile aller Art.

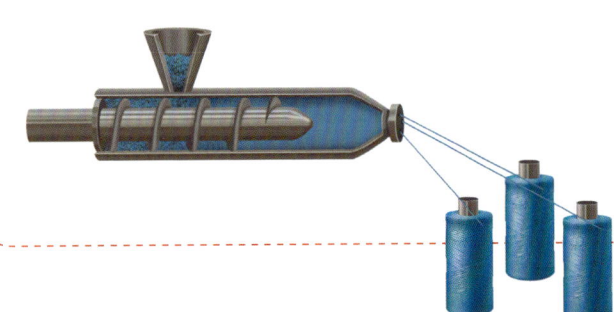

STRANGPRESSEN

Erwärmter flüssiger Kunststoff wird unter Druck durch eine Düse hinausgepresst. So entstehen etwa Rohre, Platten oder Stangen mit beliebigem Profil.

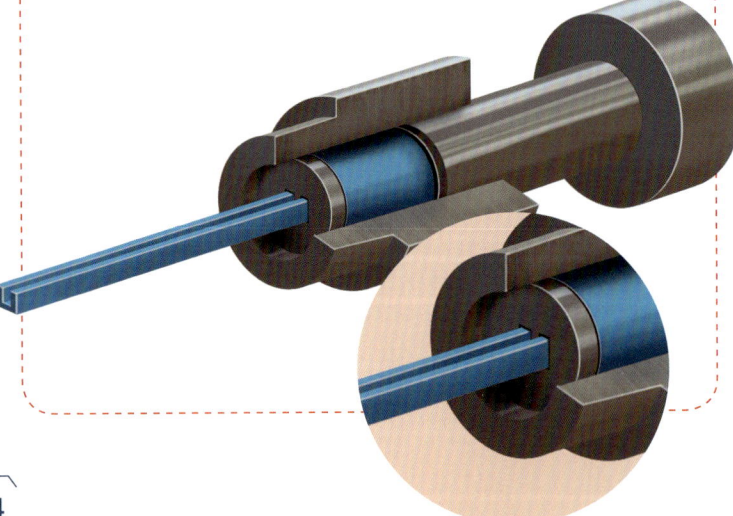

KALANDRIEREN

Weicher Kunststoff wird zwischen Metallwalzen in mehreren Schritten zu Platten und dünnen Folien ausgewalzt.

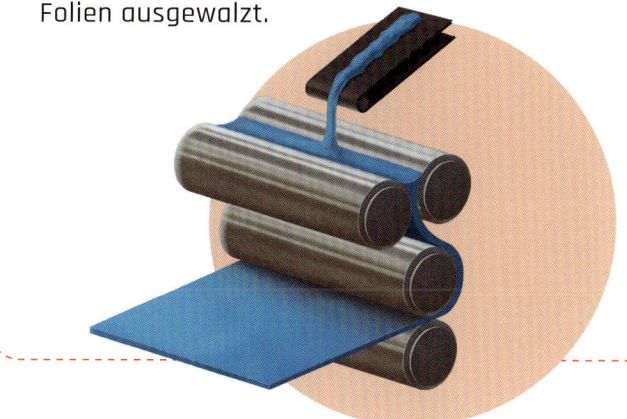

SPRITZBLASEN

Ein Kunststoffball wird in einer Form aufgeblasen, sodass der Kunststoff eine dünne Schicht an der Innenwand der Form bildet. So entstehen etwa Kunststoffflaschen oder -kanister.

SCHÄUMEN

Schaumstoffe enthalten viel Luft und sind daher leicht und wärmeisolierend. Zur Herstellung wird der Kunststoff meist mit Treibmitteln versetzt und durch Erwärmen aufgeblasen.

SPINNDÜSEN

Geschmolzene oder in einem Lösungsmittel aufgelöste Kunststoffmasse wird unter Druck durch eine Düse mit einem oder auch mehreren winzigen Löchern gepresst und erstarrt zu Fäden.

VERSTRECKEN

Durch Verstrecken der Kunststofffäden, also indem man sie um einen bestimmten Betrag in die Länge zieht, verbessert man ihre Festigkeitseigenschaften stark.

FASERSTOFFE

Manche Kunststoffsorten eignen sich besonders gut zur Herstellung von Fasern. Meist müssen diese aber noch nachbehandelt werden, um optimale Eigenschaften für angenehme Kleidung zu haben.

TEXTURIEREN

Durch Wärmebehandlung verleiht man den glatten Kunststofffasern Kräuselung. Das macht sie Naturfasern ähnlicher und erhöht bei daraus hergestellter Kleidung den Tragekomfort.

Elektrolyse

Eine Reihe wichtiger chemischer Stoffe wird mithilfe des elektrischen Stroms hergestellt. Man nennt dieses Verfahren Elektrolyse. Man zerlegt per Stromfluss z. B. Kochsalz (chemisch Natriumchlorid) und gewinnt dadurch Chlor als Rohstoff für Chemieprodukte sowie Natronlauge, die unter anderem zur Herstellung von Waschmitteln und in der Aluminiumproduktion gebraucht wird. Zur Herstellung von Aluminium-Metall leitet man starken Strom durch eine Schmelze von Aluminium-Mineralien. Und durch elektrolytische Zersetzung von Wasser gewinnt man Sauerstoff- und Wasserstoffgas, etwa für Schweißarbeiten und in Zukunft vielleicht als Treibstoff für Elektroautos.

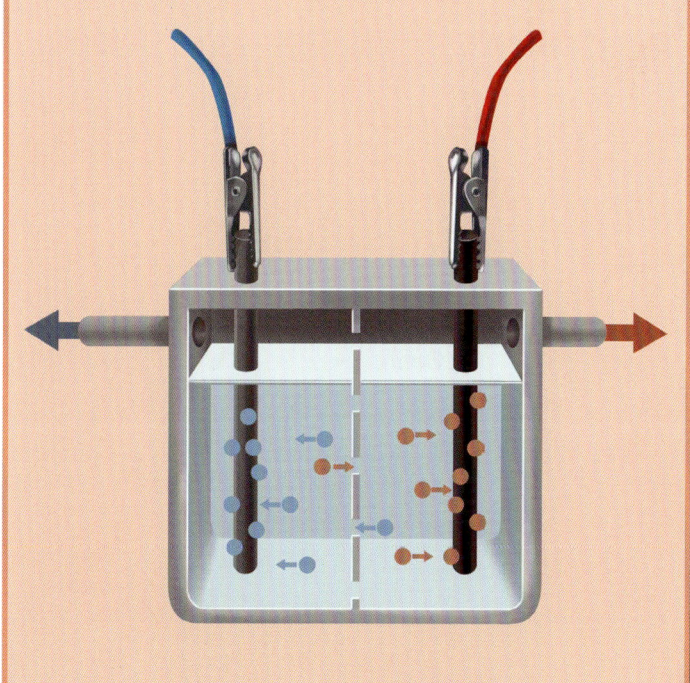

GLASHERSTELLUNG

Seit über 3500 Jahren ist dieses Material in Gebrauch und hat seither eine Unzahl von Verwendungen gefunden – z. B. als Flachglas für Fenster und als Hohlglas für Gefäße wie Flaschen und Vasen. Außerdem spielt die Glaskunst eine große Rolle, bei der wunderschöne Vasen und Trinkgefäße erzeugt werden. Manche werden farbig verziert oder anschließend Ornamente hineingeschliffen.

FLACHGLAS AUS DEM GLASOFEN

Hergestellt wird einfaches Glas aus drei Stoffen: Quarzsand, Kalk und Soda. Oft gibt man auch Bruchglas dazu, um es wiederzuverwenden. Manche Spezialgläser, etwa feuerfestes Glas für Küchengeräte und Industriezwecke, bestehen aus weiteren Inhaltsstoffen. Durch Zusatz von Metallverbindungen (etwa von Eisen, Kobalt, Gold, Uran, Kupfer) kann man farbige Gläser herstellen.

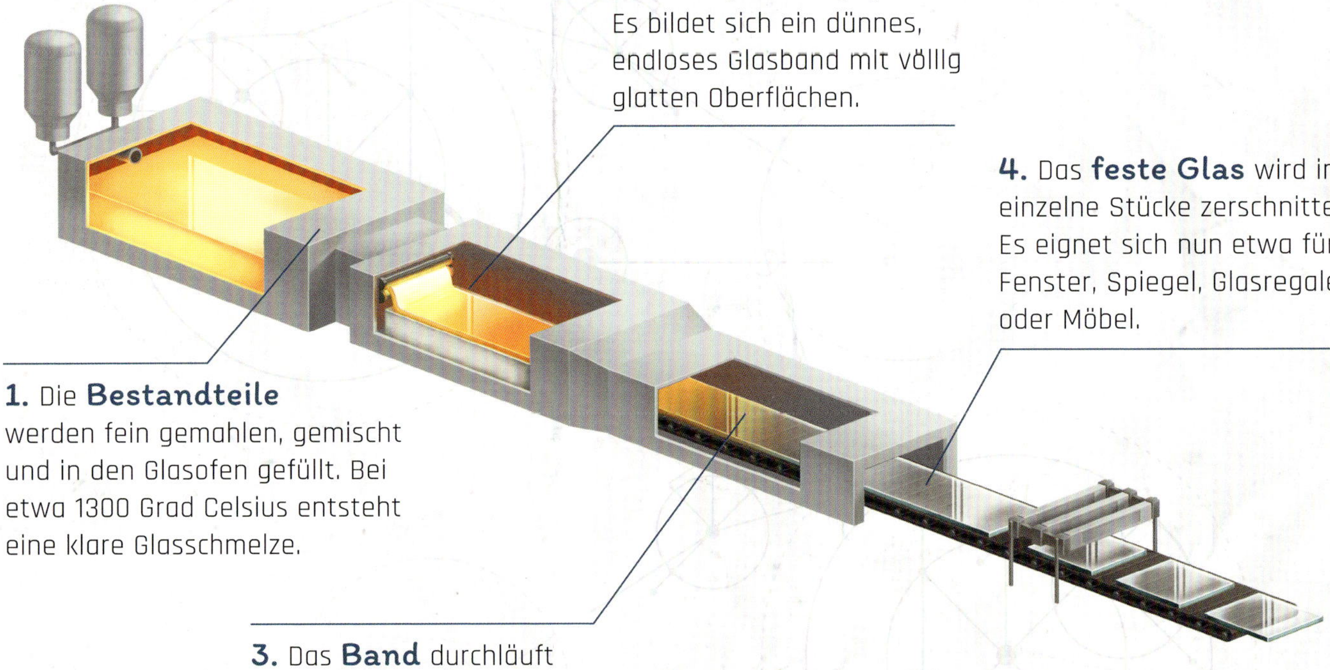

2. Die **Glasschmelze** wird auf flüssiges Zinn gegossen. Es bildet sich ein dünnes, endloses Glasband mit völlig glatten Oberflächen.

4. Das **feste Glas** wird in einzelne Stücke zerschnitten. Es eignet sich nun etwa für Fenster, Spiegel, Glasregale oder Möbel.

1. Die **Bestandteile** werden fein gemahlen, gemischt und in den Glasofen gefüllt. Bei etwa 1300 Grad Celsius entsteht eine klare Glasschmelze.

3. Das **Band** durchläuft einen Kühlofen, wo es langsam abgekühlt wird und schließlich erstarrt.

GLASGEFÄSSE

Flaschen oder Gläser sind beliebt, weil sie billig, leicht zu reinigen und durchsichtig sind. Moderne Maschinen erzeugen über 900 Glasflaschen pro Stunde.

Das Gebilde wird umgedreht und in eine größere Form steckt.

Abgekühlt wird die Form geöffnet und die Flasche entnommen.

Eine kleine Menge Glasschmelze wird in eine Form gegossen.

Von unten wird Luft eingeblasen, die das Glas gegen die Wand drückt. Es entsteht ein tropfenförmiges Gebilde mit einem Hohlraum.

Von oben her bläst Druckluft das immer noch weiche Glas auf und presst es an die Wände der Form.

Nachwachsende Rohstoffe

Da die Vorräte an Kohle, Erdöl und anderen Bodenschätzen knapper werden, weicht man heute in vielen Fällen auf Rohstoffe aus, die von Pflanzen stammen und daher immer wieder nachwachsen. Durch chemische Veränderungen kann man aus ihnen Stoffe mit den gewünschten Eigenschaften herstellen. Zudem sind sie als Naturstoffe nach Gebrauch leicht abbaubar. Beispiele sind etwa Kunststoffe aus Stärke oder Pflanzenölen, Reinigungsmittel aus Ölen oder Zuckern, Klebstoffe aus pflanzlichen Säuren, Zellulosefasern für technische Anwendungen und natürlich der traditionsreiche Rohstoff Holz.

Verbundwerkstoffe (Komposite)

So nennt man Werkstoffe, die aus unterschiedlichen Materialien bestehen. Jedes Material hat dabei eine bestimmte Aufgabe. So ist etwa im Stahlbeton, dem heute wichtigsten Baumaterial für Großprojekte, der Beton für die Druckfestigkeit zuständig. Die eingelagerten Stahlstäbe nehmen Zugkräfte auf, was der Beton allein nicht kann. Ähnlich werden Kunstharze, Metalle oder Keramikmaterialien mit Faserstoffen verstärkt. Verbundwerkstoffe gelten heute als unverzichtbare Werkstoffe, nicht zuletzt im Flugzeugbau. Vorbild ist die Natur: Holz, Perlmutt und Knochen z. B. sind Komposite.

WÄRMEKRAFTWERKE

Es gibt viele Formen der Energie: Wärmeenergie, elektrische Energie, chemische Energie, mechanische Energie, Lichtenergie und Kernenergie sind die wichtigsten. Erzeugen kann man Energie nicht, wohl aber eine Energieform in eine andere umwandeln – etwa die Energie strömenden Wassers in elektrische Energie. Dafür dienen Kraftwerke (S.58). Wärmekraftwerke nutzen meist Energieträger, die nur in begrenzten Mengen vorkommen und irgendwann verbraucht sein können – etwa Kohle, Erdgas oder Erdöl.

In den Kesseln des **Kesselhauses** wird durch Verbrennung des Brennstoffs überhitzter, unter hohem Überdruck stehender Wasserdampf erzeugt.

Der **Transformator** verwandelt den Strom aus dem Generator in Hochspannungsstrom, der sich gut über große Entfernungen leiten lässt.

Der **Schornstein** führt die gereinigten Abgase ins Freie ab.

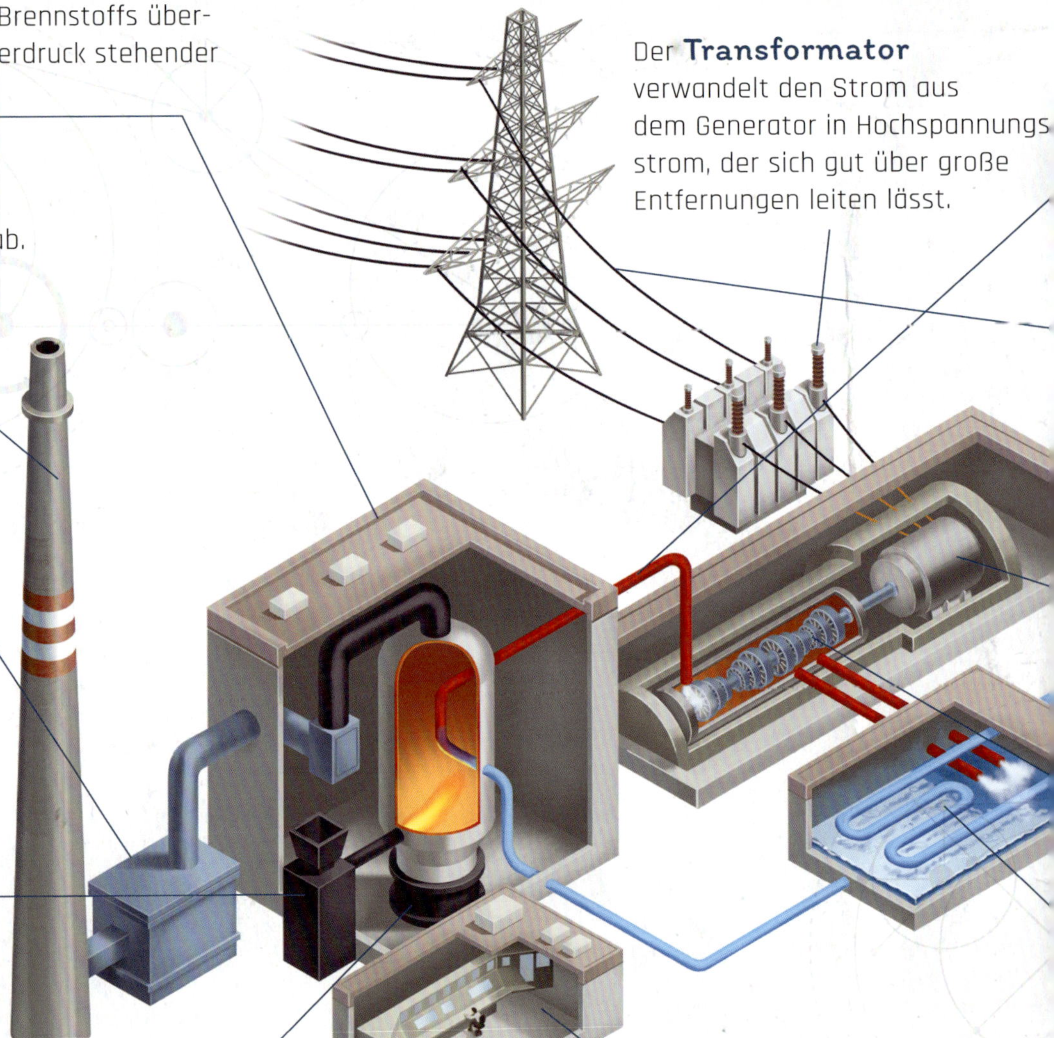

Rauchfilteranlagen reinigen die Abgase der Verbrennung von Staub und Giftstoffen.

Brennstoffzufuhr: Je nach Art des Kraftwerks erzeugen Erdöl, Gas oder zu Pulver gemahlene Braunkohle oder Steinkohle die Hitze.

Im **Aschebunker** sammelt sich anfallende Asche aus der Verbrennung. Sie wird als Straßenbaustoff wiederverwendet.

Von der **Leitwarte** aus werden alle Teile des Kraftwerks überwacht und gesteuert.

Durch die **Wasserdampfleitung** strömt der heiße, unter hohem Druck stehende Wasserdampf zu den Turbinen.

Der **Kühlturm** gibt die nicht mehr nutzbare Abwärme des Kraftwerks ab.

Durch die an Masten aufgehängten **Hochspannungsleitungen** strömt die elektrische Energie zu den Verbrauchszentren.

Der **Generator** ist der eigentliche Stromerzeuger. Er wird von den Turbinen gedreht.

In den **Turbinen** treffen heiße Dampfstrahlen auf die Schaufeln der Turbinenräder und versetzen diese in Drehung. Es sind mehrere Turbinen in Reihe geschaltet, die nacheinander vom Heißdampf durchströmt werden, sodass möglichst viel der Energie des Dampfs in Strom umgewandelt wird.

Der **Kondensator** sammelt das in den Turbinen anfallende flüssige Wasser und führt es wieder zum Dampferzeuger zurück.

Generator

Bewegt man einen Magneten vor einer Drahtspule, wird in der Spule ein elektrischer Strom erzeugt. Bei dieser „Induktion" wird nämlich die mechanische Energie der Bewegung in elektrische Energie umgewandelt. In einem Generator sitzen zahlreiche Elektromagnete auf einer Welle (dem Rotor). Dreht sie sich, laufen sie rasch an zahlreichen Induktionsspulen vorbei und erzeugen dadurch in diesen Spulen starken elektrischen Strom. Ein kleiner Teil dieses Stroms speist die Elektromagnete des Rotors.

Die fest stehenden **Induktionsspulen** liefern den starken Strom.

Schleifringe und Bürsten übertragen Strom zu den Elektromagneten auf dem Rotor.

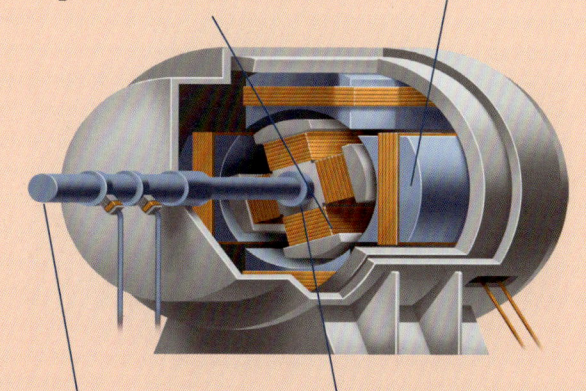

Antriebsachse

Der **Rotor** trägt mehrere **Elektromagnete.**

FOSSILE ENERGIETRÄGER

Seit Jahrmillionen fangen Pflanzen auf die Erde gestrahlte Sonnenenergie ein und versorgen auch Tiere damit. Ein kleiner Teil dieser Energie ist in Form von Kohle, Erdgas und Erdöl in den Erdschichten erhalten geblieben und kann ausgegraben bzw. hochgepumpt werden. Man nennt diese Energiequellen daher fossil.

BRAUN- UND STEINKOHLEGEWINNUNG

Kohle hat sich im Laufe vieler Jahrmillionen aus Pflanzen- und Baumresten gebildet, die unter Luftabschluss verrottet sind und heute unter Gesteinsschichten liegen. Braunkohle wird meist im Tagebau gewonnen, also in riesigen offenen Gruben, während man zum Abbauen der tiefer liegenden Steinkohleflöze meist Bergwerke mit Schächten und Stollen graben muss.

Pumpenanlagen sind notwendig, um die riesigen Mengen von Wasser abzuführen, die in die Grube laufen.

Großmuldenkipper transportieren die gewonnene Kohle aus der Grube. Jeder kann über 300 000 Kilogramm Kohle laden, das entspricht dem Gewicht von über 200 Autos.

Bergbaubetriebe müssen nach dem Braunkohleabbau die Landschaft **renaturieren**. Dabei entsteht eine Erholungslandschaft mit Wäldern und Wiesen. Die Gruben werden zu künstlichen Seen.

Schaufelradbagger graben die Kohle ab. Ein solcher Bagger wiegt oft mehr als 10 000 Autos und ist hunderte von Metern groß. Auf seinen Raupenketten kann er auch langsam durch die Grube fahren.

Die **Förderbrücke** befördert Abraum (nutzloses Gestein, das über der Kohle liegt) auf gewaltige Halden.

ÖLFÖRDERUNG

Erdöl entstand vor vielen Millionen Jahren aus Resten kleiner Meereslebewesen wie etwa Algen. Es hat sich im Laufe der Zeit in bestimmten porösen Gesteinsschichten gesammelt, sogenannten Erdölfallen. Bohrt man sie an, kann man das Erdöl an die Oberfläche pumpen. Meist hat sich in der Tiefe auch Erdgas gebildet, das unter hohem Druck steht.

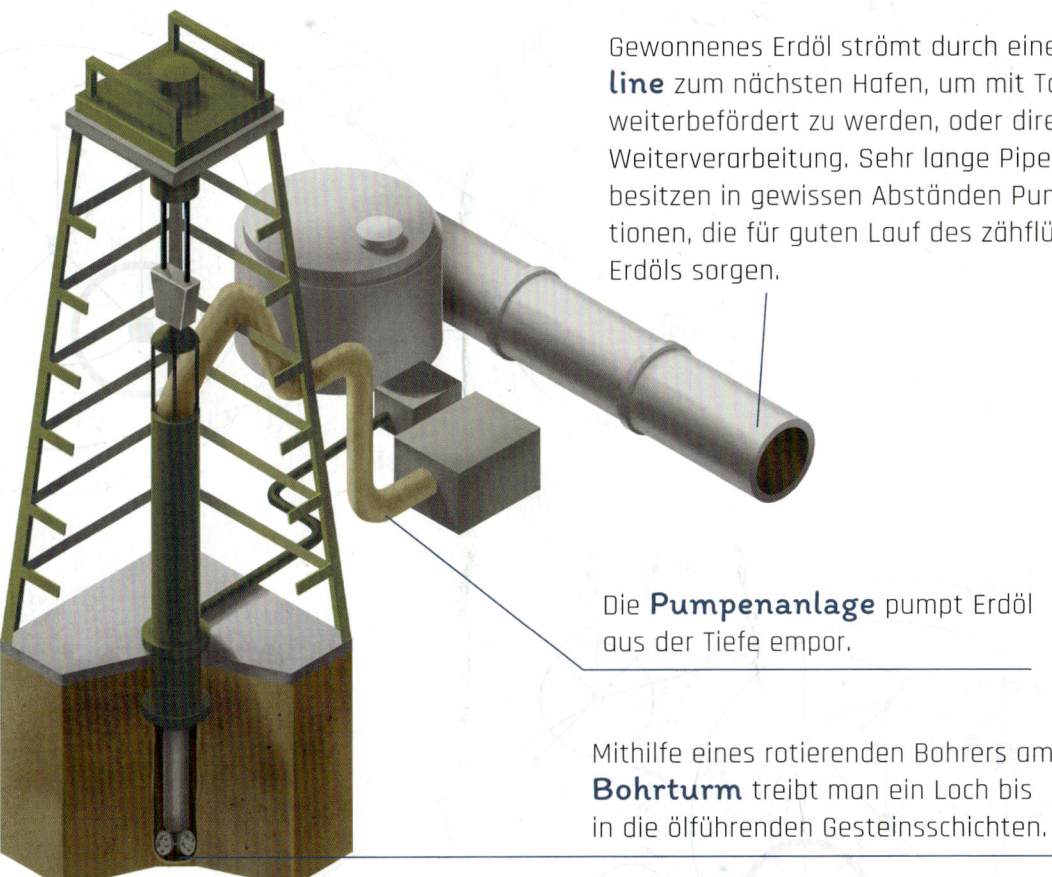

Gewonnenes Erdöl strömt durch eine **Pipeline** zum nächsten Hafen, um mit Tankern weiterbefördert zu werden, oder direkt zur Weiterverarbeitung. Sehr lange Pipelines besitzen in gewissen Abständen Pumpstationen, die für guten Lauf des zähflüssigen Erdöls sorgen.

Die **Pumpenanlage** pumpt Erdöl aus der Tiefe empor.

Mithilfe eines rotierenden Bohrers am **Bohrturm** treibt man ein Loch bis in die ölführenden Gesteinsschichten.

In einem **Öltank** kann man große Mengen Erdöl speichern – etwa als Reserve.

Riesige Mengen Erdöl reisen heute per **Öltanker** übers Meer. Diese Schiffe besitzen einen doppelwandigen Rumpf, der das Auslaufen des Öls bei einer Havarie verhindern soll, sowie starke Pumpanlagen. Ein moderner Supertanker (S. 106) kann über 250 000 Tonnen Erdöl laden – das entspricht dem Gewicht von rund 200 000 Autos.

Pferdekopfbohrer
Nach der ersten Bohrung mit einem Turm wird das Öl über solche Pumpen empor gefördert.

FRACKING

Große Mengen Erdgas haben sich im Boden nicht in natürlichen „Erdgasfallen" gesammelt, sondern sind in Gesteinen verteilt. Man kann dieses „Schiefergas" gewinnen, indem man die Gesteinsschicht anbohrt und dann dort durch Einpumpen von Flüssigkeit (Wasser plus diverse Hilfsstoffe) unter hohem Druck feine Risse erzeugt, durch die das Gas dann strömen kann. Diese Methode ist auch in Deutschland seit Jahrzehnten gebräuchlich, wird allerdings von manchen Menschen kritisch betrachtet, weil sie Umweltschäden durch die Hilfsstoffe befürchten.

KERNENERGIE

Die mit den Turbinen gekoppelten **Generatoren** erzeugen den elektrischen Strom.

Von der **Steuerwarte** aus werden alle Teile des Kraftwerks gesteuert und überwacht.

Flusswasser dient zum erneuten Kühlen des im Kondensator erwärmten Kühlwassers. Manche Kraftwerke nutzen stattdessen Kühltürme.

Der **Sekundärkreislauf** liegt vollständig außerhalb des Reaktors und ist frei von Radioaktivität.

Der **Kondensator** verwandelt mittels Kühlwasser den Dampf von den Turbinen in flüssiges Wasser und führt es in den Dampferzeuger zurück.

KERNENERGIE

Auch Uran, die Energiequelle der Kernkraftwerke, ist fossil und sogar weit älter als die Erde: Es bildete sich lange vor deren Entstehung in einer gewaltigen Sternexplosion. Uran ist ein ausgesprochen konzentrierter Energieträger. Ein Kilogramm kann im Kernkraftwerk genug Energie für den Jahresverbrauch von 80 Haushalten liefern. Dafür müsste man sonst 80 Tonnen Kohle verbrennen oder eine riesige Solaranlage errichten. Allerdings ist die Nutzung der Kernkraft mit Gefahren verbunden und umstritten. Es wird aber intensiv an ungefährlicheren Methoden der Kernkraftnutzung geforscht. Der hier beschriebene Druckwasserreaktor ist der häufigste Typ unter den zurzeit existierenden Reaktoren. Er besitzt aus Sicherheitsgründen zwei getrennte Heißwasserkreisläufe, damit bei einem Leck keine Radioaktivität austreten kann.

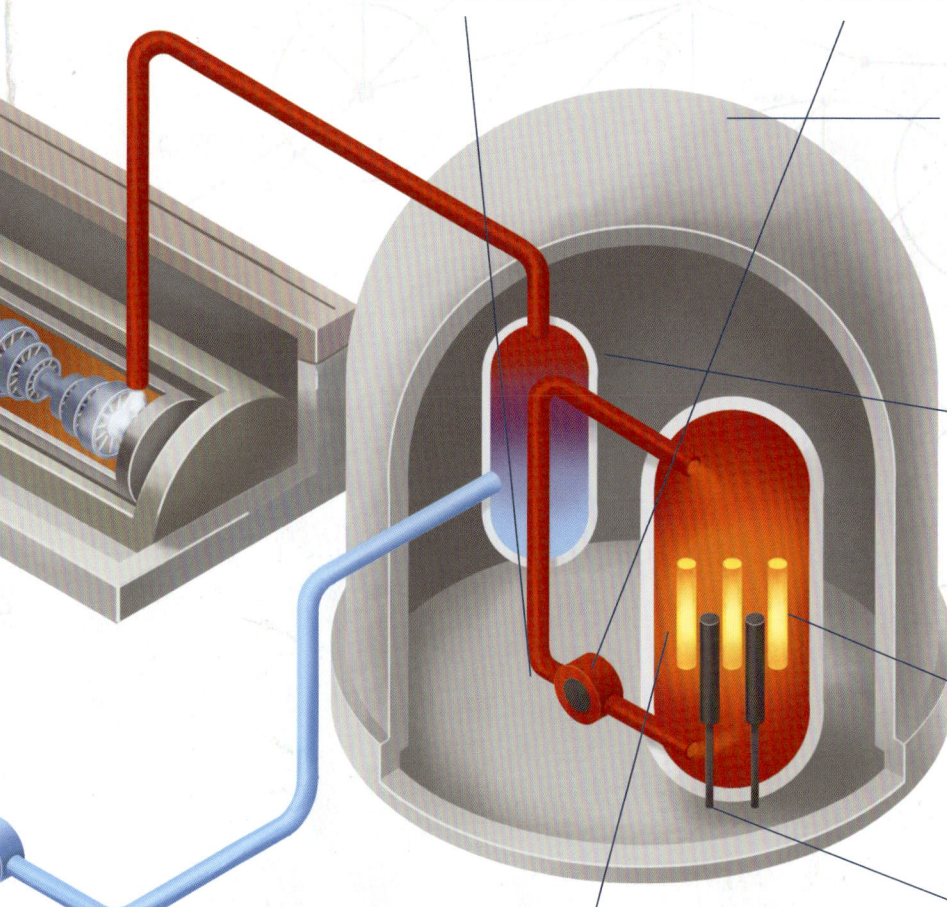

Der **Primärkreislauf** des Wassers führt durch den Reaktordruckbehälter.

Die **Primärwasserpumpe** treibt das hoch erhitzte Druckwasser durch den Primärkreislauf.

Der **Sicherheitsbehälter** aus etwa vier Zentimeter dickem Stahl soll den Reaktor gegen Gefahren von außen schützen und zudem bei Unfällen die Umwelt vor freigesetztem radioaktivem Material bewahren.

Im **Dampferzeuger** erzeugt das überhitzte Wasser des Primärkreislaufs Heißdampf. Der heiße, unter Druck stehende Wasserdampf wird zu den **Turbinen** geleitet und gibt dort nach und nach den Großteil seiner Energie ab.

Das Uran ist in **Brennstäben** aus massivem Edelstahl eingeschlossen.

Die **Steuerstäbe** dienen zum Regeln des Kernzerfalls und damit der freigesetzten Wärmeenergie.

Im **Reaktordruckbehälter** wird die Energie aus dem Uran frei. Die beim gesteuerten Zerfall der Uran-Atomkerne entstehende Wärme heizt Wasser auf. Da es unter sehr hohem Druck steht, siedet es nicht (es entsteht also kein Wasserdampf).

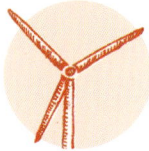

ERNEUERBARE ENERGIEN

Anders als etwa Kohle gehen die Wasserkraft, die Kraft des Windes oder die Sonnenenergie niemals aus, zumindest nicht, solange die Sonne existiert. Deshalb werden zunehmend Kraftwerke gebaut, die solche erneuerbaren Energiequellen nutzen. Freilich stehen Wind- und Sonnenenergie unregelmäßig zur Verfügung.

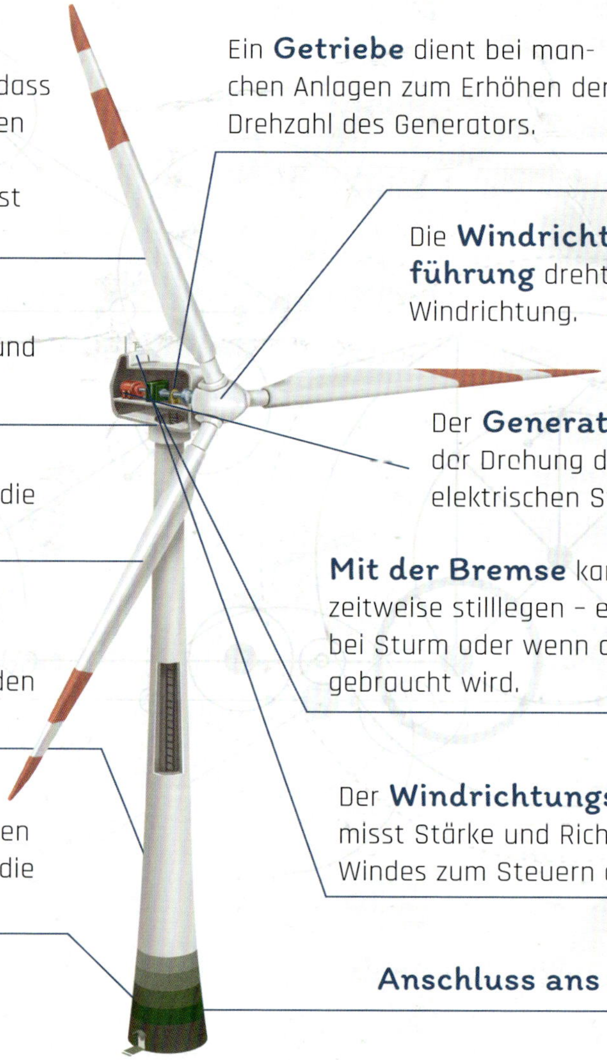

Die **Rotorblätter** sind so geformt, dass sie möglichst viel Windkraft aufnehmen können. Dank Hochleistungs-Kunststoffmaterialien widerstehen sie selbst Sturmwinden.

Die **Gondel** trägt Nabe, Rotorwelle und Generator.

Die **Lampen** warnen bei Dunkelheit die Flugzeuge.

Der **Turm** besteht aus Stahl. Im Turminneren ermöglichen Leitern den Zugang zur Gondel.

Das **Fundament** muss die gewaltigen Kräfte aufnehmen, die ein Sturm auf die Anlage ausübt.

Ein **Getriebe** dient bei manchen Anlagen zum Erhöhen der Drehzahl des Generators.

Nabe

Die **Windrichtungsnachführung** dreht den Rotor in die Windrichtung.

Der **Generator** erzeugt aus der Drehung der Rotorwelle elektrischen Strom.

Mit der Bremse kann man die Anlage zeitweise stilllegen – etwa zur Wartung, bei Sturm oder wenn der Strom nicht gebraucht wird.

Der **Windrichtungsanzeiger** misst Stärke und Richtung des Windes zum Steuern der Anlage.

Anschluss ans Stromnetz

WINDKRAFTANLAGE

Die großen Windräder nutzen die im Wind steckende Bewegungsenergie, die letztlich von der Sonnenwärme stammt, und erzeugen daraus elektrischen Strom. Teils baut man diese Anlagen auf dem offenen Meer, wo der Wind stärker und häufiger weht. Moderne Anlagen haben Türme von über 120 Meter Höhe und tonnenschwere Rotorblätter von 60 bis 90 Meter Länge. Allerdings sind Windanlagen nicht unumstritten.

WASSERKRAFTWERK

Strömendes oder gar herabfallendes Wasser enthält eine große Menge Energie. Sie stammt letztlich aus der Sonne, denn ihre Wärme treibt den natürlichen Kreislauf des Wassers, der Seen füllt und Flüsse strömen lässt. Wasserkraftwerke wandeln diese Energie in Strom um.

LAUFWASSERKRAFTWERKE

Sie nutzen das reichlich fließende Wasser von Flüssen mit Spezialturbinen, die an die niedrige Fallhöhe des in Wehranlagen angestauten Wassers angepasst sind.

SPEICHERKRAFTWERKE

Sie nutzen die Energie stürzenden Wassers, das in Stauseen gesammelt und den Turbinen durch Fallrohre zugeführt wird.

PUMPSPEICHERKRAFTWERKE

Sie pumpen in Zeiten geringen Strombedarfs mit überschüssigem Strom Wasser einige dutzend Meter hoch in einen Speichersee und nutzen es bei hohem Strombedarf wieder zur Stromerzeugung.

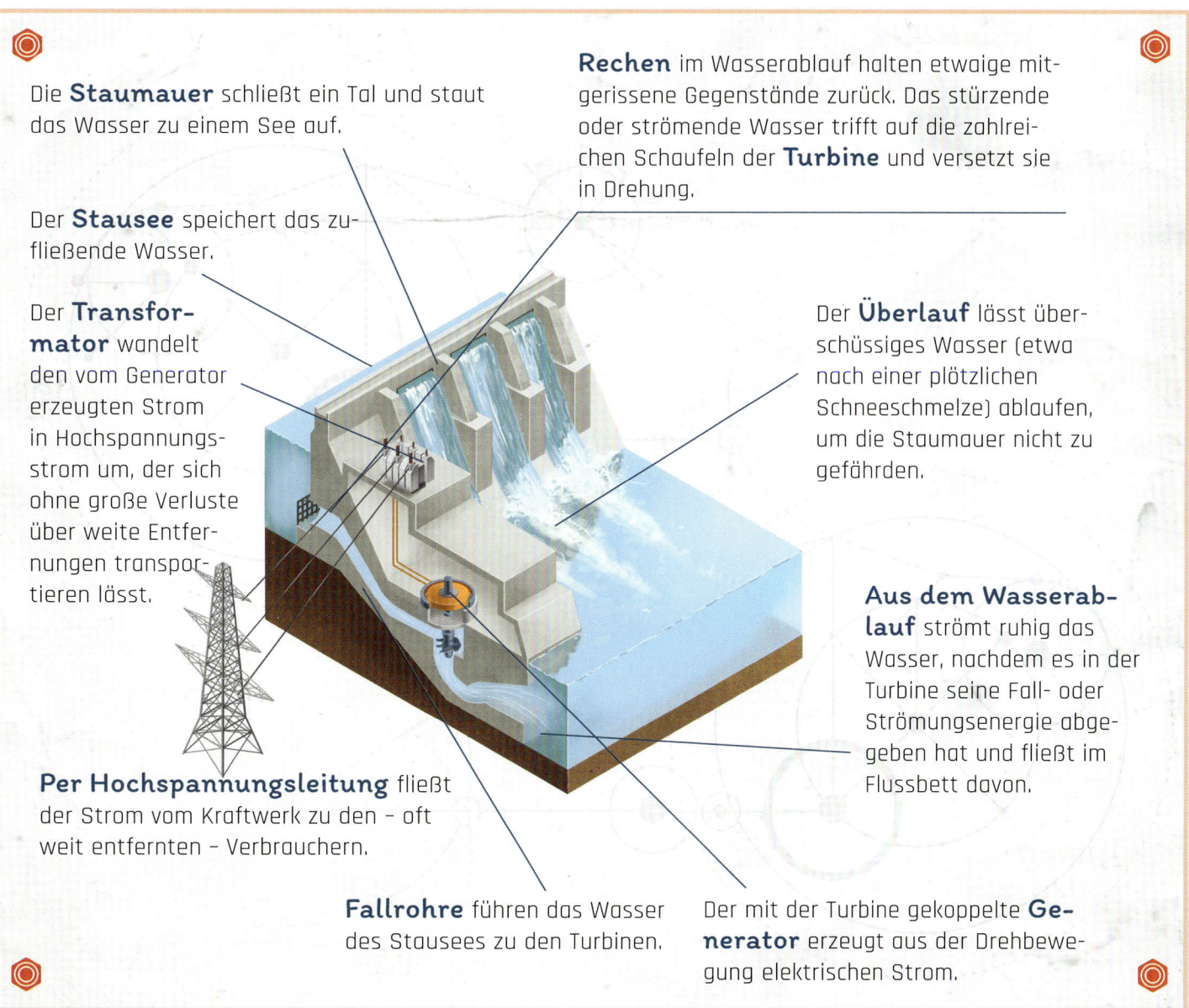

Die **Staumauer** schließt ein Tal und staut das Wasser zu einem See auf.

Der **Stausee** speichert das zufließende Wasser.

Der **Transformator** wandelt den vom Generator erzeugten Strom in Hochspannungsstrom um, der sich ohne große Verluste über weite Entfernungen transportieren lässt.

Rechen im Wasserablauf halten etwaige mitgerissene Gegenstände zurück. Das stürzende oder strömende Wasser trifft auf die zahlreichen Schaufeln der **Turbine** und versetzt sie in Drehung.

Der **Überlauf** lässt überschüssiges Wasser (etwa nach einer plötzlichen Schneeschmelze) ablaufen, um die Staumauer nicht zu gefährden.

Aus dem Wasserablauf strömt ruhig das Wasser, nachdem es in der Turbine seine Fall- oder Strömungsenergie abgegeben hat und fließt im Flussbett davon.

Per Hochspannungsleitung fließt der Strom vom Kraftwerk zu den – oft weit entfernten – Verbrauchern.

Fallrohre führen das Wasser des Stausees zu den Turbinen.

Der mit der Turbine gekoppelte **Generator** erzeugt aus der Drehbewegung elektrischen Strom.

SOLARZELLEN

Speziell konstruierte Solarzellen wandeln auftreffendes Licht direkt in elektrischen Strom um. Man kombiniert heute Solarmodule aus jeweils dutzenden Solarzellen zu riesigen Solarparks. Wichtigstes Material zur Herstellung dieser Zellen ist Silizium – dieses chemische Element ist ein Hauptbestandteil des Sands. Allerdings liefern die Anlagen bei Nacht und bewölktem Himmel kaum Strom.

SOLARKRAFTWERK

Die auf die Erde gestrahlte Sonnenwärme lässt sich privat zur Warmwasserbereitung, im Großen auch zur Stromerzeugung nutzen. Es gibt mehrere Bauformen solcher Solarkraftwerke. Beim Parabolrinnenkraftwerk konzentrieren lange, spiegelnde Rinnen die Sonnenwärme auf ölgefüllte Röhren. Das aufgeheizte Öl wird zur Dampferzeugung genutzt, der wiederum über Turbine und Generator Strom erzeugt. Beim Solarturmkraftwerk konzentrieren zahlreiche kleine, von Motoren geführte Spiegel die Sonnenwärme auf einen wassergefüllten Absorber. Der entstehende Heißdampf treibt eine Turbine, die über einen Generator Strom produziert.

BIOGASANLAGE

Brennbares Gas entsteht beim Vergären von Biomasse, etwa Gülle (flüssiger Kot von Tieren), Grasschnitt, Biomüll, Garten- oder Küchenabfällen. Der Gärbehälter schützt vor Licht und Luft. Mikroorganismen arbeiten darin und bauen die Biomasse chemisch ab. Ein Gasspeicher dient als Vorratsbehälter. Von hier können Rohre etwa zu einer Heizung, zu einer Biogastankstelle, ins Erdgasnetz oder zu einem Blockheizkraftwerk zur Stromerzeugung führen. Dessen Abwärme kann wiederum zum Heizen des Gärbehälters dienen.

ERDWÄRME

Je tiefer man in die Erdkruste bohrt, desto heißer wird das Gestein. Leitet man Wasser in Tiefengestein, kann man es ein Stück weiter als unter Druck stehendes, überhitztes Wasser (etwa 150 Grad Celsius heiß) wieder emporpumpen. Erdwärme ist eine gewaltige, nahezu unerschöpfliche Energiequelle, die zudem rund um die Uhr arbeitet.

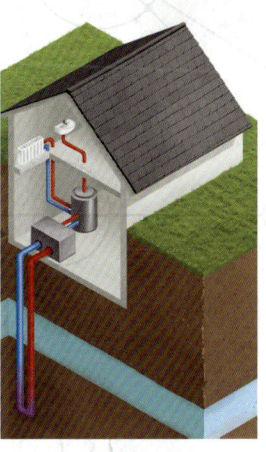

Wechselstrom

In der Stromversorgung kommt es darauf an, eine möglichst große elektrische Leistung (gemessen in Watt) über große Entfernungen zu übertragen, nämlich von Kraftwerken zu Verbrauchern. Dabei spielen zwei Werte eine Rolle: die elektrische Spannung (gemessen in Volt) und die Stromstärke (gemessen in Ampere).

Nun ist es so, dass man die gleiche Leistung mit hoher Stromstärke und niedriger elektrischer Spannung oder mit niedrigerer Stromstärke und hoher Spannung übertragen kann. Ein Strom von 5 Ampere und 1000 Volt überträgt die gleiche Leistung wie ein Strom von 1000 Ampere und 5 Volt – nämlich jeweils 5000 Watt.

Aber: Strom mit hoher Stromstärke würde die Leitungen stark erwärmen, also ginge viel Energie als Wärme verloren. Daher wandelt man den Strom im Kraftwerk in Hochspannungsstrom niedriger Stromstärke um und nahe den Verbrauchern wieder in Strom geringer Spannung und hoher Stromstärke zurück. Dies geschieht mithilfe von Transformatoren. Allerdings funktionieren Transformatoren nicht mit Gleichstrom, sondern nur mit Strom, dessen Stärke sehr rasch wechselt. In unseren Stromnetzen fließt daher Wechselstrom.

STROMVERSORGUNG

Damit Strom überall und zuverlässig aus der Steckdose kommt, ist eine gewaltige Organisation nötig, die Stromerzeuger und Stromverbraucher miteinander verbindet.

VERBUNDNETZ

Ganz Europa überzieht ein Höchstspannungsnetz, in dem Strom mit 380 000 oder 220 000 Volt fließt. Es wird von den großen Kraftwerken gespeist (S. 58).

Das Höchstspannungsnetz verbindet viele Länder, sodass der **Austausch von Strom** auch über Ländergrenzen hinweg möglich ist. Über Transformatoren speist es je nach Bedarf Netze mit niedrigeren Spannungen.

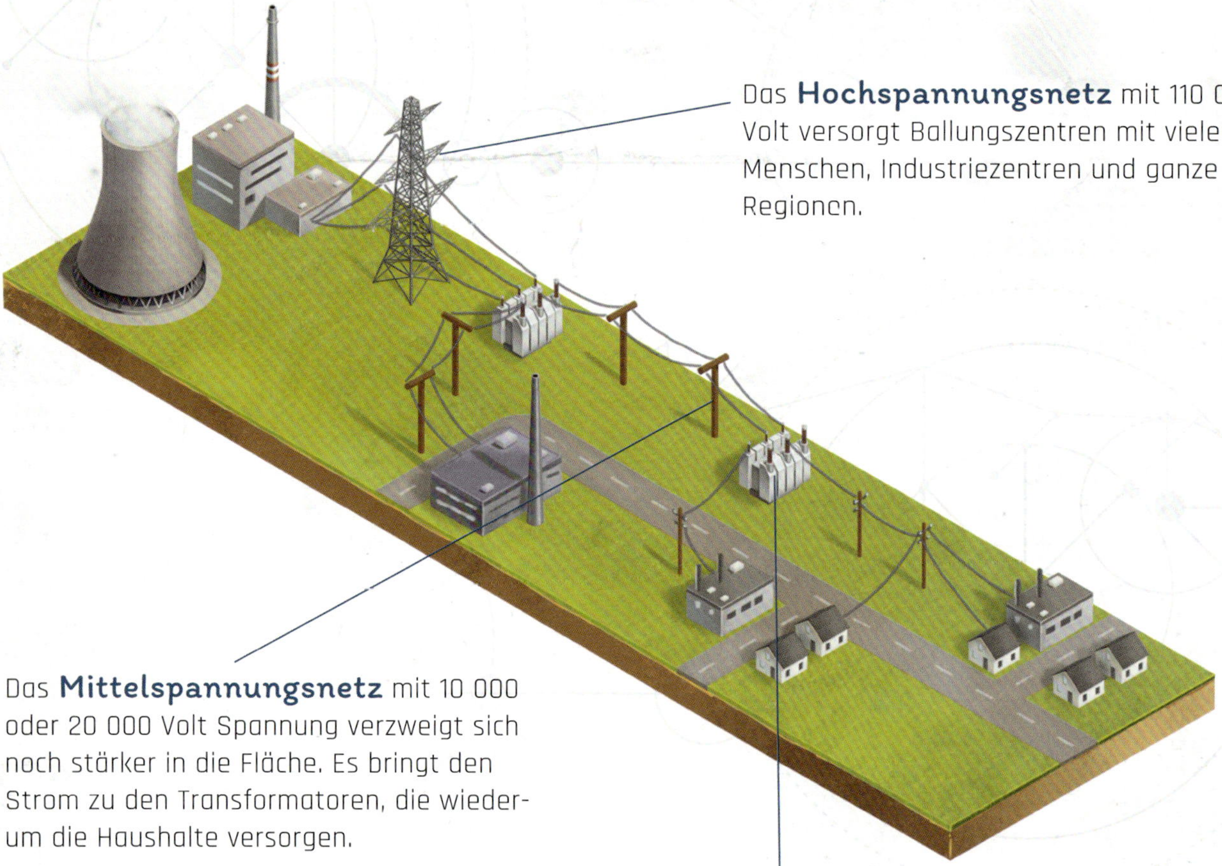

Das **Hochspannungsnetz** mit 110 000 Volt versorgt Ballungszentren mit vielen Menschen, Industriezentren und ganze Regionen.

Das **Mittelspannungsnetz** mit 10 000 oder 20 000 Volt Spannung verzweigt sich noch stärker in die Fläche. Es bringt den Strom zu den Transformatoren, die wiederum die Haushalte versorgen.

Von den örtlichen **Transformatorenstationen** aus fließt der Haushaltsstrom mit 400 Volt (Kraftstrom) oder 230 Volt meist durch unterirdisch verlegte Kabel in jedes Haus.

KRAFTWERKE

Alle Kraftwerke speisen ihren Strom ins Verbundnetz ein. Der Stromverbrauch aber schwankt stark im Laufe des Tages. Da man elektrischen Strom nicht gut speichern kann, muss die ins Netz geleitete Strommenge etwa gleich der daraus entnommenen Strommenge sein – andernfalls kann es massive Störungen geben. Daher überwachen Zentralen das Netz per Computer und passen die Stromerzeugung durch An- und Abschalten von Stromlieferanten dem jeweiligen Verbrauch an.

Mittellast-Kraftwerke, meist Steinkohlekraftwerke, werden nur zu bestimmten Tageszeiten eingeschaltet, wenn ein höherer Stromverbrauch zu erwarten ist. Sie brauchen aber eine Anheizzeit, bis sie Strom liefern können.

Nicht selten steigt im Laufe des Tages der Strombedarf plötzlich auf besonders hohe Werte. Dann schaltet man von der Zentrale aus Kraftwerke zu, die sehr rasch Strom liefern können, etwa Gasturbinen- oder Speicherkraftwerke.

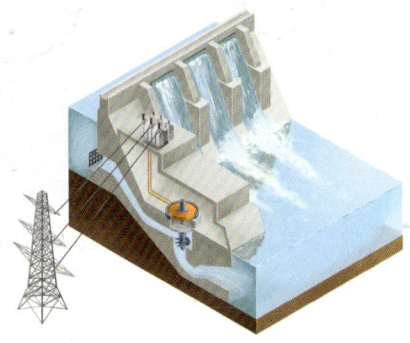

Manche Kraftwerke verbrennen Kohle, Öl oder Gas, um Strom zu erzeugen. Andere nutzen z. B. die Kraft des Winds oder strömenden Wassers.

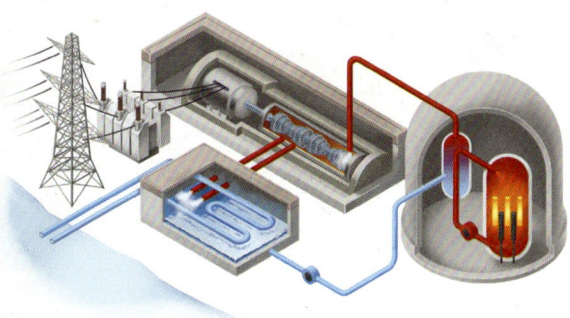

Kernkraftwerke, Braunkohle- und Laufwasserkraftwerke können und sollten aus technischen Gründen rund um die Uhr laufen. Sie erzeugen die sogenannte Grundlast, die ständig zuverlässig zur Verfügung steht.

Wind- oder Solaranlagen liefern nur unregelmäßig und schwer vorhersehbar Strom. Daher muss man Kraftwerke in Bereitschaft halten, die einspringen, wenn der Wind einschläft oder sich der Himmel bewölkt.

WASSER UND GAS

Wasser, das aus dem Hahn strömt, zählt zu den saubersten Lebensmitteln hierzulande und wird ständig kontrolliert. Überwacht wird natürlich auch die Gasversorgung, wenn auch aus anderen Gründen: Gas kann mit Luft explosive Gemische bilden. Defekte Gasleitungen stellen also eine große Gefahr dar.

WASSERVERSORGUNG

Auch **als Quelle** zutage tretendes Wasser wird für die Trinkwasserbereitung genutzt. Allerdings achtet man hier besonders darauf, dass in der Umgebung der Quelle keine Verunreinigung etwa durch Verkehr, Müll oder Landwirtschaft eintritt, und erklärt das Gebiet zur Wasserschutzzone.

In der **Kläranlage** wird das Abwasser gereinigt (S. 72).

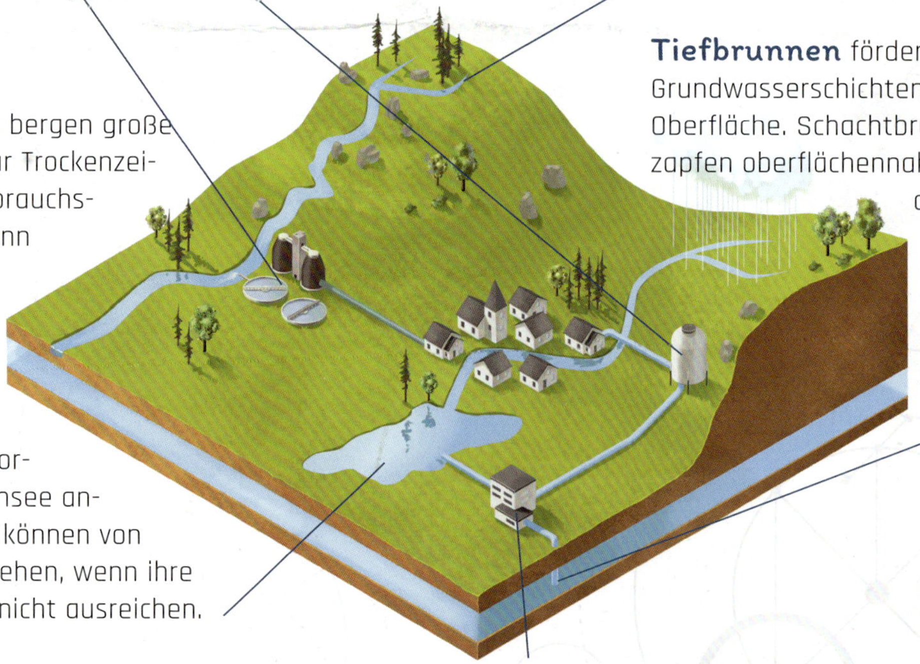

Saubere Seen bergen große Wasservorräte für Trockenzeiten oder bei Verbrauchsspitzen, etwa wenn die Feuerwehr viel Wasser braucht. In Süddeutschland sind deshalb viele Wasserversorger an den Bodensee angeschlossen. Sie können von dort Wasser beziehen, wenn ihre eigenen Quellen nicht ausreichen.

Aufbereitetes Wasser wird in **Wasserspeicher** gepumpt. Von dort aus leitet ein Rohrsystem es in jedes Haus. Jede Wohnung hat eine „Wasseruhr", die den Verbrauch ermittelt und regelmäßig abgelesen wird. Ihre Angaben sind Grundlage für die Wasserrechnung.

Tiefbrunnen fördern Wasser aus Grundwasserschichten tief unter der Oberfläche. Schachtbrunnen dagegen zapfen oberflächennahes Wasser, etwa aus einem Fluss oder See. Es kann verunreinigt sein und muss speziell gereinigt werden.

Das **Wasserwerk** reinigt das Rohwasser durch Filter von groben und feinen Verunreinigungen. Oft gibt man harmlose Stoffe hinzu, die dann ausflocken: Die feinen Flocken werden abgefiltert und reißen dabei viele Verunreinigungen mit. Damit das Wasser garantiert frei von Keimen ist, wird es mit bakterientötendem ultraviolettem Licht oder mit Ozongas behandelt, das sich nach kurzer Zeit zu Sauerstoff zersetzt. Von Natur aus enthält manches Wasser harmlose, aber störende Stoffe wie Kalk, der mit der Zeit Leitungen verstopfen kann. Sie werden durch spezielle Filtermethoden entfernt. Sämtliche Rohre, Behälter, Ventile und sonstige Anlagen werden vom Wasserwerk rund um die Uhr mithilfe von Computern überwacht, sodass Störungen sofort auffallen und Reparaturtrupps eingreifen können.

GASVERSORGUNG

Das Gas wird am **Förderort** von Feuchtigkeit, stinkenden Schwefelgasen und anderen Verschmutzungen gereinigt und dann durch tausende Kilometer lange Rohrleitungen (Pipelines) dorthin gepumpt, wo es gebraucht wird. Im Empfängerland wird das Gas **in riesigen Höhlen** zwischengespeichert, damit man bei Störungen der Gaslieferung Reserven hat. Meist nutzt man dazu leer gepumpte Erdöl- oder Erdgaslagerstätten oder große künstliche Hohlräume in unterirdischen Salzstöcken.

Vorräte zum Ausgleichen kleinerer Schwankungen im Bedarf werden unter Druck in Kugelbehältern gespeichert. Es gibt auch spezielle Tankschiffe für Erdgas. Das Gas wird für den Schiffstransport durch starkes Abkühlen verflüssigt und nimmt dann viel weniger Platz ein (S. 106).

Ein Netz von unterirdischen **Gasleitungen** bringt das Gas zu den Verbrauchern, die es zum Heizen und Kochen brauchen. An vielen Stellen sind Ventile eingebaut, damit man Leitungen bei Gaslecks oder Rohrbrüchen absperren und gefahrlos reparieren kann.

In jedem Haus misst eine „Gasuhr" den Gasverbrauch. Ihre Anzeige bestimmt die Höhe der Gasrechnung.

An vielen Stellen haben sich tief unter der Oberfläche **Erdgasvorräte** gesammelt, die man durch Bohrungen erschlossen hat. Ein großer Teil des hierzulande genutzten Erdgases stammt aus Bohrungen in der Nordsee. Auch Russland liefert große Gasmengen.

ABWASSER

Im Haushalt fällt viel schmutziges Wasser an, das man keinesfalls einfach in den nächsten Bach leiten darf. Städte und Dörfer haben eine Kanalisation, in der Abwasser sowie, möglichst getrennt davon, Regenwasser gesammelt und abgeleitet wird (S. 79).

Abwasser kann Schadstoffe unterschiedlicher Art enthalten. Manche sind eigentlich nicht giftig, würden aber in Gewässern zu übermäßigem Algenwachstum führen oder den Fischen zu viel Sauerstoff wegnehmen. Das gilt etwa für Toilettenabwässer. Andere Schadstoffe sind giftig und schädigen Tiere oder Pflanzen. Dazu zählen etwa Waschmittel oder Reinigungschemikalien. Und schließlich gibt es noch störende Stoffe wie Fette oder größere Mengen Sand.

Industriebetriebe, speziell der chemischen Industrie (S. 54), besitzen meist eigene Abwasserreinigungsanlagen für die anfallenden Schadstoffe. Regenwasser sowie Wasser aus Quellen kann man direkt in Bäche leiten. Aber Abwasser oder auch verschmutztes Niederschlagswasser wird zu Kläranlagen geleitet.

Die Kläranlage reinigt das Abwasser in mehreren Stufen. In der ersten Stufe werden grobe Verunreinigungen ausgefiltert und Sand entfernt. Im Vorklärbecken setzen sich unlösliche Stoffe ab, etwa Papier, und bilden Schlamm.

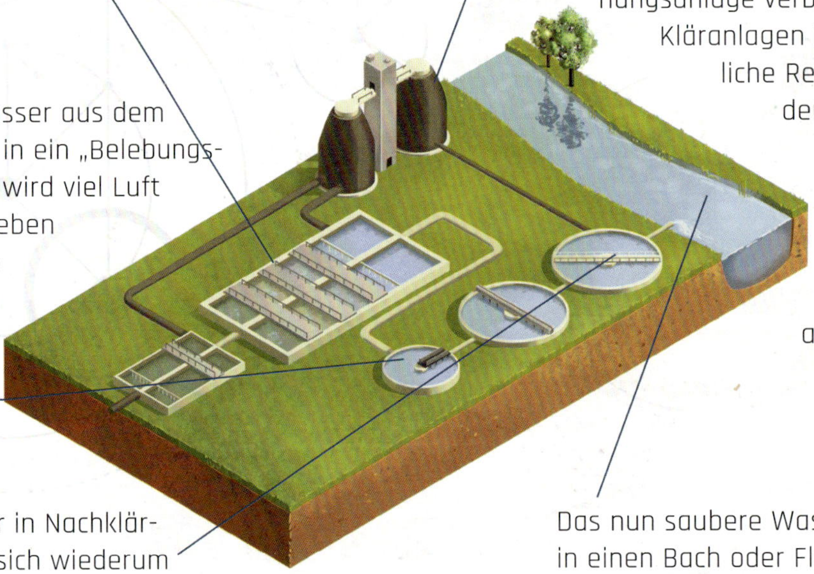

Das überstehende Wasser aus dem Vorklärbecken kommt in ein „Belebungsbecken". Dem Wasser wird viel Luft zugeführt, denn hier leben Bakterien, die weitere Schadstoffe chemisch zersetzen und unschädlich machen.

Dann wird das Wasser in Nachklärbecken gepumpt, wo sich wiederum Schlamm absetzt.

Der in den Becken anfallende Schlamm wird in einen Faulturm gepumpt, wo Bakterien unter Luftabschluss einen Teil der Inhaltsstoffe abbauen. Fester Abfall, z. B. Reste des Schlamms, wird eingedickt, ausgepresst und dann in einer Verbrennungsanlage verbrannt. Manche Kläranlagen haben eine zusätzliche Reinigungsstufe, in der bestimmte chemische Verunreinigungen (Säuren, Phosphorverbindungen) gezielt ausgefällt werden.

Das nun saubere Wasser kann problemlos in einen Bach oder Fluss geleitet werden.

MÜLLABFUHR

In der heutigen Zeit produziert jeder Haushalt eine Fülle von Abfallstoffen. Früher warf man sie einfach auf riesige Mülldeponien. Aber viele der Inhaltsstoffe können nach Aufbereitung wiederverwendet (recycelt) werden, etwa Metalle, Papier, Glas und Kunststoffe. Sie werden heute vielerorts getrennt gesammelt. Am umweltfreundlichsten ist es jedoch, so viel Müll wie möglich zu vermeiden. Die Mülltonnen werden in regelmäßigen Abständen von der Müllabfuhr geleert.

Müllfahrzeuge haben am Heck spezielle Einrichtungen zum Anheben und Kippen der Müllbehälter. Meist werden die Mülltonnen geschüttelt, damit sie wirklich leer werden.

Damit in den Laderaum möglichst viel hineinpasst, wird der Müll während der Fahrt von Zeit zu Zeit zusammengepresst.

In manchen Regionen wird der Restmüll zu einer Müllverbrennungsanlage gefahren und bei hohen Temperaturen verbrannt. Filteranlagen reinigen die giftigen und stinkenden Abgase, der Rest wird in den Schornstein geleitet.

Manche Städte haben eine Müllsortieranlage. Dort wird der wiederverwertbare Müll per Hand oder von automatisch arbeitenden Maschinen sortiert. Glasflaschen, Papier, Metall- und Elektroschrott und Papier werden zu Firmen gebracht, die sich auf das Wiederverwerten solcher Stoffe spezialisiert haben. Glas wird in der Glashütte wieder eingeschmolzen, Eisenschrott nutzt das Stahlwerk. Papier wird nach Reinigung und Entfärbung zu Umweltschutzpapier.

Gemischte Kunststoffabfälle werden zu Gebrauchsgegenständen wie Parkbänken verarbeitet. Biomüll und Gartenabfälle werden kompostiert.

FEUERWEHR

AUSRÜSTUNG FÜR DEN INNENEINSATZ

Nicht selten müssen sich Feuerwehrleute trotz aller Gefahren in brennende Gebäude vorwagen, um dort die Flammen zu bekämpfen oder um eingeschlossene Menschen zu retten.

Der **Helm** mit Nackenschutz ist hitzebeständig und besitzt ein herunterklappbares Visier, das gegen Rauch und Funken schützt.

Am **Haltegurt** wird ein Teil der Ausrüstung befestigt. Er hat zudem Haken, die in Notfällen ein Abseilen mit der Feuerwehrleine erlauben.

Die **Handschuhe** schützen bei Berührung heißer Teile.

Der **Anzug** besteht aus feuerhemmendem und gegen Hitze schützendem Material.

Die **Schuhe** sind besonders robust und haben ein starkes Profil. Zudem isolieren sie gegen elektrische Spannungen.

Das **Pressluftgerät** versorgt den Feuerwehrmann mit Atemluft, denn Rauch ist hochgiftig.

Die **Schläuche** werden in Tragekörben transportiert. Sie leiten bei größeren Bränden Löschwasser heran.

Der **Handscheinwerfer** hilft, sich in raucherfüllten Räumen zurechtzufinden.

Über das **Sprechfunkgerät** kann mit der Einsatzleitung kommuniziert werden.

Die **Feuerwehrleine** dient zur Eigensicherung und zur Rettung von Menschen.

Der **Totmannmelder** hilft, im Rauch bewusstlos gewordene Feuerwehrleute zu orten. Spürt er einige Sekunden lang keine Bewegung, gibt er einen Voralarm und nach weiteren Sekunden Bewegungslosigkeit ertönt ein sehr lauter und heller Hauptalarm.

FEUERWEHRAUTO

Blaulicht und Martinshorn warnen andere Fahrzeuge vor schnell fahrenden oder am Brandherd haltenden Einsatzfahrzeugen.

Der **Rettungsspreizer** drückt Teile von Autowracks auseinander, um eingeklemmte verletzte Personen zu befreien.

Lichtmast für Nachteinsätze **Schläuche** und **Strahlrohre** für das Löschwasser **Ausfahrbare Schiebeleiter**, um Brandherde in oberen Stockwerken zu erreichen Mit der **Rettungsschere** kann man Unfallautos aufschneiden.

Warnlampen und **Gummikegel** dienen zum Absperren der Unfallstelle und zum Warnen anderer Fahrer.

Feuerwehraxt und **Brechstange** dienen zum Aufbrechen verschlossener Türen.

Scheinwerfer für Nachteinsätze

Mit der **Motorsäge** können z. B. auf die Straße gefallene Bäume zerlegt werden.

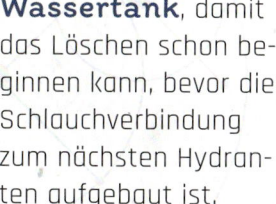

Wassertank, damit das Löschen schon beginnen kann, bevor die Schlauchverbindung zum nächsten Hydranten aufgebaut ist.

Tank für Löschschaum, der manche Brandtypen besser löscht als Wasser.

Die **Feuerlöscher** dienen zur Bekämpfung kleinerer Brände.

Seilwinde um Fahrzeuge aus Notlagen zu ziehen

AUF DER BAUSTELLE

Beim Bau eines Hauses helfen zahlreiche Maschinen, die alle besondere Aufgaben haben. Wichtig sind natürlich auch Lastwagen, die all die Baustoffe wie Backsteine, Zement und Teile wie Rohre, Türen und Fenster heranbringen.

LÖFFELBAGGER

Vor Baubeginn muss die Baugrube ausgehoben werden, in der später das Fundament des Hauses und der Keller entstehen. Dazu dient der Löffelbagger. Er kann seine große, gezahnte Schaufel mit hoher Kraft durch den Boden schieben und dabei jedes Mal Dutzende Kilogramm Material aufnehmen. Er schüttet es in einen Lastwagen oder auf einen Haufen.

Den **Baggerarm** kann man nach allen Richtungen bewegen.

Der **Baggerführer** steuert Schaufel und Baggerarm von seiner Kabine aus mit zahlreichen Hebeln. Er ist dort geschützt, hat aber eine gute Übersicht.

Der **Dieselmotor** ist die Kraftquelle des Fahrzeugs.

Die **Schaufel** ist schwenkbar, kann daher Löcher graben und das Grabgut dann wegtragen.

Auf seinen **Raupen** kann der Bagger über die Baustelle fahren.

Ein **Gegengewicht** sorgt dafür, dass schwere Gewichte in der Baggerschaufel das Gerät nicht umwerfen.

HYDRAULIK DES BAGGERARMS

Die Teile der Baumaschinen werden meist hydraulisch gesteuert und bewegt, mithilfe von Hydraulik, so auch beim Bagger.

a) Der **Baggerarm** ist mit dem **Kolben** verbunden.

b) Der **Kolben** steckt in einem **Zylinder**, zu dem zwei starkwandige **Schläuche** führen.

Der Dieselmotor des Baggers treibt eine **Pumpe**, die das Hydrauliköl unter hohen Druck setzt. Hebel oder Joystick des Fahrers steuern Ventile, die die unter Druck stehende Ölleitung mit dem einen oder anderen Anschluss des Zylinders verbinden. 1. Schiebt der Baggerführer den Joystick nach vorn, fließt Öl durch ein Ventil in den unteren Anschluss des Zylinders. Dabei drückt es den Kolben mit großer Kraft empor. Der Baggerarm hebt sich. 2. Zieht er den Joystick zurück, schaltet er damit die Ventile um. Das Öl fließt nun in den oberen Anschluss des Zylinders und treibt den Kolben nach unten.

LASTKRAN

Auf Baustellen sind ständig große Gewichte zu heben: Stapel von Bausteinen, schwere Betonteile, Holzbalken für den Dachstuhl, Stapel Dachpfannen und vieles andere. Das leistet der Kran. Der Kranführer nimmt mit seinem Gerät die Teile auf und setzt sie haargenau an der vorgesehenen Stelle ab.

Stahlkabel zum Auffangen der Last am Ausleger

Kabine für den Kranführer. Hier hat er gute Übersicht und kann den Kran mit Schalthebeln bedienen: den Ausleger drehen, die Laufkatze und die Winde emporbewegen.

Die **Laufkatze** rollt auf Schienen entlang dem Ausleger und trägt die Winde.

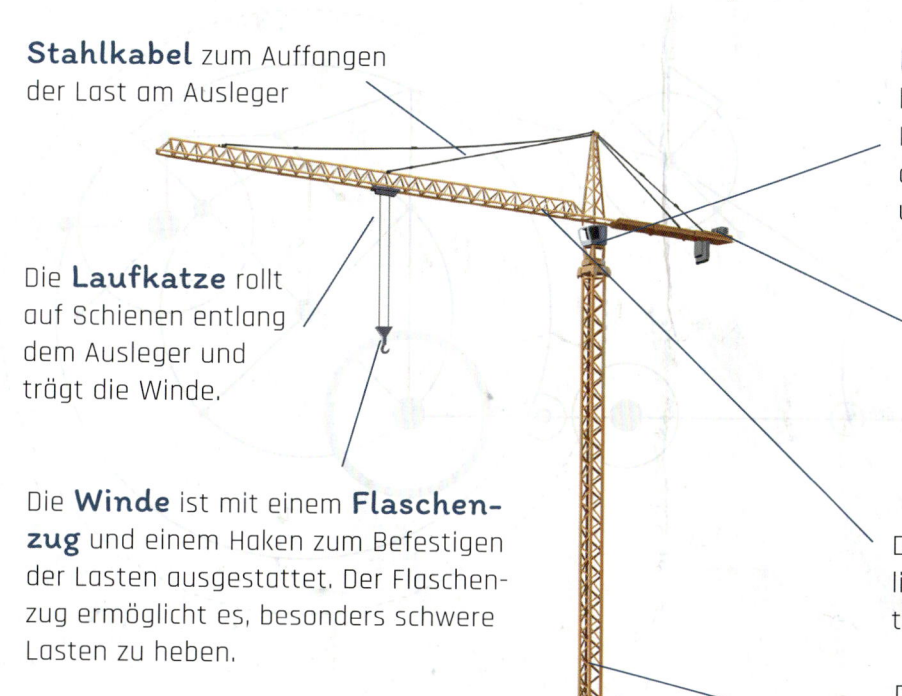

Der **Gegenausleger** mit Gegengewichten dient als Gewichtsausgleich, damit schwere Lasten den Kran nicht kippen.

Die **Winde** ist mit einem **Flaschenzug** und einem Haken zum Befestigen der Lasten ausgestattet. Der Flaschenzug ermöglicht es, besonders schwere Lasten zu heben.

Der **Ausleger** ermöglicht, Lasten horizontal zu transportieren.

Betonblöcke sichern den Kran gegen Umfallen, auch bei Sturm.

Der **Turm** wird eingefahren auf die Baustelle gebracht, verankert und dann zur gewünschten Höhe ausgefahren.

FAHRMISCHER

Beton ist ein wichtiger Baustoff. Er wird aus Zement, Kies und Wasser zusammengemischt, ist zuerst breiartig und wird nach einiger Zeit steinhart. Heute mischt man Beton nur noch selten auf der Baustelle. Vor allem größere Mengen, etwa zum Schütten von Fundamenten oder Zwischendecken, werden vom Herstellungsbetrieb im Fahrmischer angeliefert. Über eine Schwenkrinne oder ein weites Kunststoffrohr wird der Betonbrei auf der Baustelle an den vorgesehenen Platz gebracht. Bisweilen wird der Beton an einer Stelle gebraucht, die weit weg von der Zufahrt liegt. Dann kann man eine Fahrmischerbetonpumpe nutzen. Sie ist außer mit dem Mischbehälter mit einer kräftigen Pumpe und einem langen Schlauch-Rohrsystem ausgerüstet.

STRASSENBAU

Wir sind es gewohnt, auf glatten, möglichst schlaglochfreien Straßen zu fahren, die bei jedem Wetter eine sichere Fahrbahn bieten. Der Straßenbau erfordert eine Reihe Spezialmaschinen.

PLANIERRAUPE

Sie beseitigt bei Verbreiterung einer Straße oder beim Bau einer neuen Trasse den Bewuchs und schafft einen tragfähigen Untergrund für die Straße.

Dank der **Raupenketten** kann die Raupe auch auf rutschigem oder lockerem Boden fahren, denn die Ketten übertragen das Gewicht großflächig auf den Boden. So sinkt das schwere Fahrzeug nicht ein und kann auch steile Hänge erklimmen.

Angetrieben wird die **Raupe**, von einem leistungsstarken Dieselmotor.

Die stählerne **Schaufel** kann mit sehr hoher Kraft hydraulisch bewegt werden (S. 76).

STRASSENFRÄSE

Sie raspelt, etwa auf Autobahnen, in langsamer Fahrt den alten Straßenbelag ab und besitzt dazu eine rotierende, mit spitzen Zähnen aus Hartmetall besetzte Fräswalze. Ein Förderband transportiert das abgefräste Material in einen Lastwagen; es dient als Rohmaterial zum Herstellen des neuen Straßenbelags.

STRASSENFERTIGER

Dieses Gerät kann bis zu 16 Meter breite Straßendecken aus Asphalt herstellen. Das Material liefern Lastwagen, die es in einen Auffangtrichter schütten. Von dort wird es nach hinten befördert und mit einer rotierenden Förderschnecke auf dem Untergrund verteilt. Eine Stahlschiene glättet den Belag und eine Stampferleiste drückt ihn fest.

STRASSENWALZE

Hinter dem Straßenfertiger fährt in kurzem Abstand die Walze her und presst mit ihrem hohen Gewicht den Asphalt zusammen. Damit er nicht an den Walzen klebt, werden sie mit Wasser berieselt – daher wirken frische Asphaltstraßen feucht und dampfen.

PRESSLUFTHAMMER

Der Presslufthammer dient zum Aufreißen einer Straße, etwa wenn Rohre verlegt werden sollen. Er enthält einen kleinen Zylinder, in den über Ventile in rascher Folge Pressluft von einem motorgetriebenen Kompressor geleitet wird. Sie treibt einen Kolben mehrmals pro Sekunde in den Zylinder. Der Kolben ist mit dem meißelförmigen Hammer verbunden, der den Straßenbelag aufknackt.

HORIZONTALBOHRMASCHINE

Müssen Leitungen oder Rohre unter einer Straße verlegt werden, kann man das mit dieser Maschine tun: Sie kann Gänge von mehreren hundert Meter Länge bohren, ohne die Straße aufzugraben. Von einer Grube aus erzeugt sie mit einem Bohrkopf oder durch Spülen mit hohem Wasserdruck zunächst eine kleine Bohrung. Danach weitet sie das Loch aus und kann Rohre einziehen.

TUNNELBOHRMASCHINE

Straßen- und Eisenbahntunnel werden mit gewaltigen, mehrere hundert Meter langen Maschinen gebohrt.

Vorne rotiert ein mehrere Meter großer **Bohrkopf** mit zahlreichen Meißeln aus Hartstahl. Hydraulische Pressen, die sich weiter hinten mit abgespreizten Stahlplatten an der Felswand abstützen, drücken ihn gegen den Fels.

Förderbänder transportieren das Gestein nach hinten, wo es mit Zement und Wasser zu Beton vermischt wird. Sprühdüsen verteilen ihn an der Tunnelwand, wo er erstarrt.

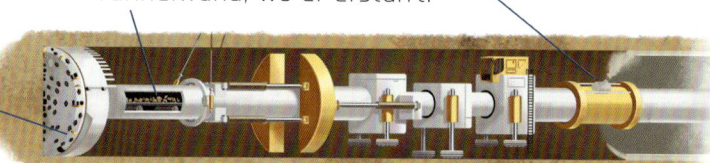

UNTER EINER STRASSE

Die Häuser einer Stadt brauchen zur Versorgung und Entsorgung eine Fülle von Leitungen, die unter der Straße laufen. Von den gezeigten Hauptsträngen laufen kleinere Stränge zu den Häusern.

Der **Regenwasserabfluss** nimmt das Wasser von Dachrinnen und Gullys auf.

Im großen **Schmutzwassertunnel** fließt das Abwasser zahlreicher Häuser zur Kläranlage (S. 70). Durch Kontrollschächte ist er zugänglich.

Das **Gasrohr** liefert Erdgas zum Heizen und Kochen ins Haus.

Die **Frischwasserrohre** versorgen Häuser und Hydranten mit klarem, sauberem Wasser.

Das **Telefonkabel** dient zum Anschluss älterer Telefone.

Das **Stromkabel** versorgt Anwohner und Straßenlaternen mit elektrischem Strom.

Das **Glasfaserkabel** verbindet Computer, Fernsehgeräte und Telefone vieler Anwohner mit dem Internet (S. 27).

Die gut gegen Wärmeverluste isolierte **Fernwärmeleitung** versorgt die Häuser mit heißem Wasser für die Heizungen. Das abgekühlte Wasser fließt in einer zweiten Leitung zurück zum Fernwärmekraftwerk.

TRAKTOR UND HILFSGERÄTE

Jahrhundertelang mussten von 100 Menschen 95 auf den Feldern arbeiten, um genügend Nahrung für alle zu schaffen. Heute sind nur sehr wenige Menschen für die Landarbeit nötig. Das liegt neben der Züchtung ertragreicher Pflanzen und besseren Düngemethoden vor allem am Traktor und weiteren Landmaschinen.

TRAKTOR

Er ist das wichtigste Arbeitsgerät auf jedem Bauernhof und dient zum Antrieb zahlreicher Ackergeräte.

Das **Getriebe** dient zur Kraftübertragung vom Motor auf die Räder. Dank mehrerer Vorwärts- und Rückwärtsgänge kann der Fahrer jede Situation bewältigen.

Die **Zapfwelle** wird vom Motor gedreht und dient zum Antrieb von Zusatzgeräten.

Die **Pflugbeleuchtung** dient bei Arbeiten in der Dämmerung zur Kontrolle nachgezogener Geräte.

Gestänge zum Anschluss von Ackergeräten

Die **Anhängerkupplung** wird gebraucht, wenn der Traktor etwas ziehen soll.

drehbarer Fahrersitz

Die **Kabine** mit Überrollbügel schützt den Fahrer, falls der Traktor kippt.

Frontscheinwerfer

Dieselmotor

Hydraulikanschlüsse können Zusatzgeräte antreiben.

Das **Ballastgewicht** dient als Ausgleich einseitiger Belastung.

Die **Reifen** besitzen ein tiefes Stollenprofil, damit sie auf weichem Boden nicht rutschen.

Die **Lenkung** funktioniert bei modernen Traktoren teilweise vollelektronisch und per Computer.

Die **Hinterräder** werden vom Motor angetrieben. Dank ihrer Größe sinken sie nicht so leicht in den Erdboden ein.

Die **Vorderräder** dienen zum Lenken.

ARBEITSGERÄTE

Es gibt dutzende Zusatzgeräte, die je nach Bedarf vom fahrenden oder stehenden Traktor angetrieben werden können.

PFLUG

Er dient zum Auflockern des Bodens, Umbrechen der obersten Bodenschicht, Beseitigen von Unkraut und Schädlingen, Einarbeiten des Düngers und Vorbereiten des Bodens für die Einsaat. Die Pflugschar reißt den Boden auf, das Streichblech wendet den geschnittenen Boden zur Seite. Oft fährt der Bauer danach mit einer Kreiselegge übers Feld, die große Erdbrocken zerkleinert.

HEUWENDER

Das gemähte Gras auf der Wiese muss im Laufe einiger Tage mehrfach gewendet und verteilt werden, damit es gut durchtrocknet – feuchtes Heu ist ungesund fürs Vieh und kann sogar Brände verursachen. Das Wenden übernehmen Kreiselwender, die vom Traktor geschleppt und durch seine Zapfwelle angetrieben werden.

BALLENPRESSE

Gezogen vom Traktor nimmt dieses Gerät das trockene Heu auf. Manche Gerätetypen pressen daraus Quaderballen. Häufiger sind Rundballenpressen, die das Heu zu einem Band pressen und dieses aufrollen. Noch leicht feuchtes Gras wird oft nach dem Aufwickeln in weiße Folie verpackt und kann dann zu Silage (haltbarem Tierfutter) vergären.

FELDSPRITZE

Sie verteilt Flüssigdünger oder Lösungen von Pflanzenschutzmitteln auf dem Feld. Das ausklappbare Spritzgestänge trägt dazu zahlreiche mit Schläuchen verbundene Düsen, durch die eine vom Traktor angetriebene Pumpe die Flüssigkeit hinausdrückt.

DRILLMASCHINE

Kleine Pflugscharen graben mehrere parallele Furchen, in die jeweils in bestimmtem Abstand Saatkörner gelegt werden. Sie werden mithilfe von Pressluft aus dem Vorratsgefäß über Schläuche in die Furchen geblasen. Anschließend schließt ein Blech, der Striegel, die Furchen wieder.

PFLANZMASCHINE

Diese Maschine erzeugt Furchen, in die auf dem Gerät sitzende Helfer in bestimmten Abständen Jungpflanzen einsetzen. Anschließend drückt das Gerät den Boden um die Pflanzenwurzeln fest und schließt die Furchen.

GÜLLEPUMPE

Eine robuste Pumpe, die man an die Zapfwelle des Traktors anschließt, um Jauche oder Gülle aus der Sammelgrube in einen Tankwagen zu pumpen. Dann wird die Gülle als Dünger auf dem Acker versprüht.

AUF DEM BAUERNHOF

Ziel der Arbeiten auf dem Acker und im Stall ist letztlich eine gute Ernte. Auch zum Ernten kann der Landwirt heute arbeitssparende Spezialmaschinen einsetzen.

MÄHDRESCHER

Dieses selbstfahrende Gerät fährt über das Kornfeld. Dabei schneidet es die Halme ab, schlägt (drischt) die Getreideähren, um die Körner zu gewinnen, und presst die Halme zu Strohballen zusammen.

Der **Antriebsmotor** liefert die Kraft.

Im **Korntank** werden die Körner gesammelt.

Über das **Abtankrohr** mit Schnecke gelangen die Körner in den nebenherfahrenden Anhänger.

Der **GPS-Empfänger** kann die Maschine automatisch über das Feld steuern.

Der **Ventilator** erzeugt einen Luftstrom, der Spelzen und Verunreinigungen von den Körnern bläst.

Die **Kabine** ist der Arbeitsplatz des Fahrers.

Der **Schüttler** lässt die Körner aus dem Stroh fallen.

Die **Schnecke** führt die Körner in den Korntank.

Die **Haspel** knickt die Halme um.

Die **Messer** mit Zähnen und Schneideklinge schneiden die Halme ab.

Schrägförderer bringen die geschnittenen Halme in die Maschine.

Die **Dreschtrommel** schlägt die Ähren heraus.

Der **Strohhäcksler** zerkleinert das Stroh und verteilt es auf dem Feld. Manche Geräte haben stattdessen Einrichtungen, um das Stroh zu Ballen zu pressen.

Die **Einzugschnecke** nimmt die geschnittenen Halme auf.

Der **Kollektor** fängt mitgerissene Steinchen auf.

KARTOFFELVOLLERNTER

Vollernter nennt man Geräte, die alle Arbeitsgänge einer Ernte in einem Durchgang erledigen. Der Mähdrescher ist dafür ein Beispiel, aber ähnliche Geräte gibt es auch für Rüben, Obst, Trauben, Spargel und andere Pflanzen. Kartoffelvollernter, die meist vom Traktor gezogen werden, graben die Kartoffeln aus, schütteln anhaftende Erde ab, säubern die Knollen, sortieren sie nach Größe und sammeln sie.

MELKMASCHINE

Früher brachte man die Melkmaschine zur Kuh. Heute haben viele Landwirte mit Milchviehhaltung Melkstände, in denen die Melkmaschinen fest eingebaut sind. Die Kühe laufen zum Melken hinein.

Bei automatischen Melksystemen (Melkrobotern) suchen die Kühe von selbst, angelockt durch Kraftfutter, den Melkstand auf. Dieser erkennt jede Kuh, setzt die Zitzenbecher an, melkt die Kuh korrekt und misst Milchmenge, Milchtemperatur und Fettgehalt. Er alarmiert auch bei Unregelmäßigkeiten, denn sie können Anzeichen von Krankheiten sein.

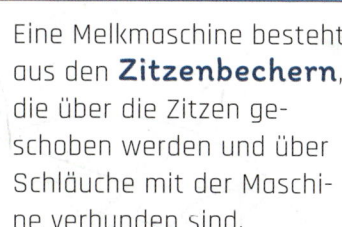

Eine **Vakuumpumpe** erzeugt Unterdruck, den eine Steuerung pulsierend an die Zitzenbecher weitergibt. So wird das Saugen eines Kalbs nachgeahmt.

Eine Melkmaschine besteht aus den **Zitzenbechern**, die über die Zitzen geschoben werden und über Schläuche mit der Maschine verbunden sind.

Die austretende Milch fließt in einen gekühlten **Milchtank**. Dann bringt sie ein ebenfalls gekühlter **Milchtankwagen** zur **Meierei**, wo sie zu Trinkmilch, Butter, Käse, Joghurt oder anderen Produkten verarbeitet wird.

IM AUTO

Ein moderner Personenkraftwagen (Pkw) enthält zahlreiche wichtige Einrichtungen und Bestandteile, die für eine bequeme, sichere und schnelle Fortbewegung sorgen.

 Die **Scheibenwischer** dienen zum Reinigen der Scheiben bei Regen. Gummilippen, die ein Elektromotor übers Glas bewegt, schieben das Regenwasser vom Glas. Die **Scheibenwaschan-lage** spritzt Reinigungs-flüssigkeit, um besonders schmutzige Scheiben zu säubern.

Im **Armaturenbrett** sind Anzeigeinstrumente und wichtige Schalter zusammengefasst.

Der **Rückspiegel** zeigt, was hinter dem Wagen fährt.

Die gepolsterten **Sitze** sollen für die Insassen bequem sein, aber auch in Kurven Halt geben.

 Vorratsbehälter für Scheibenwasch-flüssigkeit

Der **Kühler-Ventilator** wird von einem Elektromo-tor gedreht. Sein Luftstrom kühlt den heißen Motor bei einem kurzen Halt.

 Mit den **Blinkleuchten** zeigt der Fahrer nachfolgen-den Fahrzeugen an, dass er abbiegen will.

Der **Kühler** ist mit Kühlflüssigkeit gefüllt, die überschüssige Wärme des Motors ableitet.

 Der **Motor** liefert die Antriebskraft für den Wagen und zahlreiche Geräte darin.

 Die **Scheinwerfer** be-leuchten den Fahrweg. Das Tagfahrlicht sorgt dafür, dass der Wagen auch bei Tag für andere Verkehrsteil-nehmer gut erkennbar ist.

 Vorratsbehälter für Kühlflüssigkeit

 Die **Stoßdämpfer** dämpfen Schwingungen der Federn.

Das **Cabrio** hat ein Dach, das man wegklappen kann.

Der **Kombi** besitzt eine besonders große Ladefläche.

Ein **SUV** ist ein straßentauglicher Geländewagen. Meist hat er auch erhöhte Sitze.

Ein **Omnibus** dient zum Transport mehrerer dutzend Menschen.

Ein **Pick-up** ist ein Pkw mit offener Ladefläche.

Ein **Lastkraftwagen (Lkw)** kann dank kräftigem Motor und geräumiger Ladefläche große Mengen Last transportieren. Speziallastwagen besitzen sogar eine Kühlanlage für die Fracht.

Rennwagen sind speziell für Automobilsport gebaute Wagen.

Die **Antenne** ist mit dem Autoradio verbunden.

Das **Rücklicht** leuchtet beim Einlegen des Rückwärtsgangs automatisch auf.

Die **Bremsleuchten** strahlen beim Bremsen hellrot auf und warnen nachfolgende Fahrzeuge.

Das **Auspuffrohr** leitet Abgase des Verbrennungsmotors zum Auspuff. **Schalldämpfer** im Auspuffsystem vermindern die Lautstärke der in explosionsartigen Schüben ausgestoßenen Motorabgase und dämpfen so den Verkehrslärm.

Auspuff

Der **Katalysator** reinigt und entgiftet einen Teil der Motorabgase.

Der **Tank** speichert den Treibstoffvorrat.

Reifen

Die **Felge** ist an der Achse befestigt und trägt den Reifen.

Mit dem **Lenkrad** bewegt der Fahrer über ein Gestänge die Vorderräder und lenkt so den Wagen.

Die **Frontscheibe** schützt die Insassen vor dem Fahrtwind, vor Niederschlag und aufgewirbeltem Schmutz.

Die **Federn** dämpfen Stöße durch schlechte Straßenverhältnisse.

Die **Batterie** speichert elektrische Energie für Anlasser, Scheinwerfer und andere elektrische Geräte.

Dank der **Außenspiegel** kann der Fahrer erkennen, ob neben oder schräg hinter ihm jemand fährt.

AUTOMATIKGETRIEBE

Dieser Getriebetyp wählt automatisch den passenden Gang. Ganghebel und Kupplungspedal sind daher überflüssig. Per Wahlhebel kann man Vorwärtsfahrt (D), Rückwärtsgang (R), Parken (P) und Leerlauf (N) einstellen.

GETRIEBE UND KUPPLUNG

Verbrennungsmotoren arbeiten nur in einem bestimmten Drehzahlbereich optimal. Daher passt das Getriebe die Drehzahl des Motors und die der Räder einander an. Das Getriebe besteht aus mehreren ineinandergreifenden Zahnrädern. Mittels Schalthebel wählt der Fahrer die jeweils passende Zahnrad-Kombination an die „Gänge". Meist hat ein Pkw fünf bis sieben Gänge, dazu einen Rückwärtsgang. Während des Schaltens muss der Fahrer die Verbindung des Getriebes zum Motor durch Treten des Kupplungspedals kurz unterbrechen.

Die **Zahnräder** haben eine unterschiedliche Größe und Anzahl Zähne.

Die **Klauen** verschieben die Zahnräder auf der Welle, um die jeweils gewünschte Kombination auszuwählen.

Die Zahnräder der **Vorlegewelle** dient zum Übertragen der Kraft zwischen den jeweils eingeschalteten Zahnrädern.

Die **Kupplungsscheibe** sitzt auf der Welle des Motors.

Das **Gehäuse** umschließt das gesamte Getriebe und schützt es.

Welle zu den **Rädern** überträgt Kraft zu den Rädern.

Tritt man das **Kupplungspedal** im Fußraum, werden Druckscheibe und Kupplungsscheibe getrennt, jetzt kann man mit dem Ganghebel schalten.

Die **Druckscheibe** ist mit dem Getriebe verbunden.

Welle des **Motors**

REIFEN

Reifen müssen bei hohem Tempo, beim Bremsen und in Kurven hohe Beanspruchungen aushalten und bestehen daher aus mehreren Schichten Stoff- und Stahlfasern, ummantelt mit Gummi. Zudem sind sie mit Druckluft gefüllt, um Stöße abzumildern. Spezielle Winterreifen besitzen ein ausgeprägtes Profil und bestehen aus einer Gummimischung, die auch bei tiefen Temperaturen nicht spröde wird, nutzen aber im Sommer sehr rasch ab.

BREMSANLAGE

Tritt der Fahrer das Bremspedal, pressen sich Bremsklötze mit speziellem Bremsbelag fest gegen die Bremsscheiben – ähnlich wie bei der Fahrradbremse. Sie wandeln die Bewegungsenergie des Autos in Hitze um. Ein motorbetriebener Bremskraftverstärker erhöht den Druck. Jedes Rad ist mit Bremsklötzen versehen. Zwei unabhängige Bremssysteme stellen sicher, dass der Wagen auch bei Ausfall einer Bremse bremst. Die Handbremse hindert ein geparktes Auto am Wegrollen.

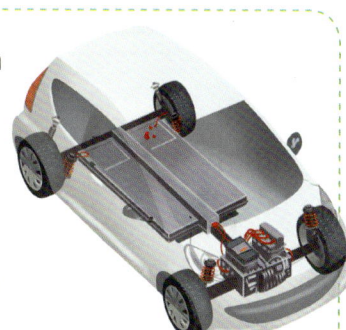

ELEKTROAUTOS

ELEKTROMOTOR

Diese Motoren sind ideale Antriebe: leise, umweltfreundlich und sparsam. Je nach Modell baut man in den Wagen einen großen Antriebsmotor ein und überträgt dessen Drehbewegung auf eine der Radachsen. Man kann auch jedes Rad mit einem kleineren Elektromotor ausstatten, der in der Nabe sitzt (Radnabenmotor); damit ist jedes Rad gezielt steuerbar. Ein noch großes Problem bei Elektroautos ist allerdings die Stromversorgung. Außerdem sollte der Antriebsstrom aus erneuerbaren Energiequellen gewonnen werden; nur dann ist der Elektroantrieb abgasfrei. Das Bild zeigt einen bürstenlosen Gleichstrommotor.

BRENNSTOFFZELLE

Umweltfreundliche Brennstoffzellen erzeugen elektrischen Strom aus Luft und einem brennbaren Gas. Meist ist es Wasserstoffgas, das man aus Wasser herstellen kann und das wieder zu harmlosem Wasserdampf verbrennt. In Brennstoffzellen-Autos liefern sie Strom für den Elektromotor. Das erfordert allerdings große Tanks, in denen das Gas aufbewahrt wird, sowie spezielle Tankstellen dafür.

Strom für Elektroantriebe

Viele Automodelle mit Elektroantrieb beziehen ihren Strom aus großen Batterien. Doch die sind schwer und teuer. Zudem können die verfügbaren Batterien nur einen Bruchteil der Energie speichern, die das gleiche Gewicht an Benzin liefern würde, daher ist die Reichweite der Wagen beschränkt. Das Laden der Batterien dauert länger, als einen Tank mit Kraftstoff zu füllen. Hybridautos enthalten einen zusätzlichen Verbrennungsmotor. Sie fahren auf Kurzstrecken elektrisch und schalten bei starkem Beschleunigen und für Langstrecken den Verbrennungsmotor automatisch dazu.

AUTOANTRIEB

Die meisten Autos werden heute noch von Verbrennungsmotoren, also Otto- oder Dieselmotoren, angetrieben. In ihnen verbrennt ein Gemisch aus Luft und Kraftstoff. Genutzte Kraftstoffe sind Benzin, brennbares Gas oder Dieselöl. Die heißen Verbrennungsgase dehnen sich mit großer Kraft aus und diese Kraft wird in die Bewegung des Motors und dann der Räder umgesetzt. Zukünftig sollen aber immer mehr Autos mit Elektromotoren in Gebrauch kommen (S. 87).

VIERTAKTPRINZIP

Die Verbrennungskammern des Motors nennt man Zylinder. Sie besitzen Öffnungen mit einem Einlassventil und einem Auslassventil. Im Zylinder steckt zudem ein Kolben, der sich auf und ab bewegen kann. Er ist verbunden mit einer Kurbelwelle, die den Kolben bewegt und gleichzeitig die entstehende Kraft aufnimmt. Jeder Zylinder durchläuft vier Arbeitstakte. Bei hoher Motordrehzahl laufen diese vier Takte jeweils im Bruchteil einer Sekunde nacheinander ab. Die folgenden Bilder zeigen die Takte bei einem Ottomotor, der mit Benzin läuft.

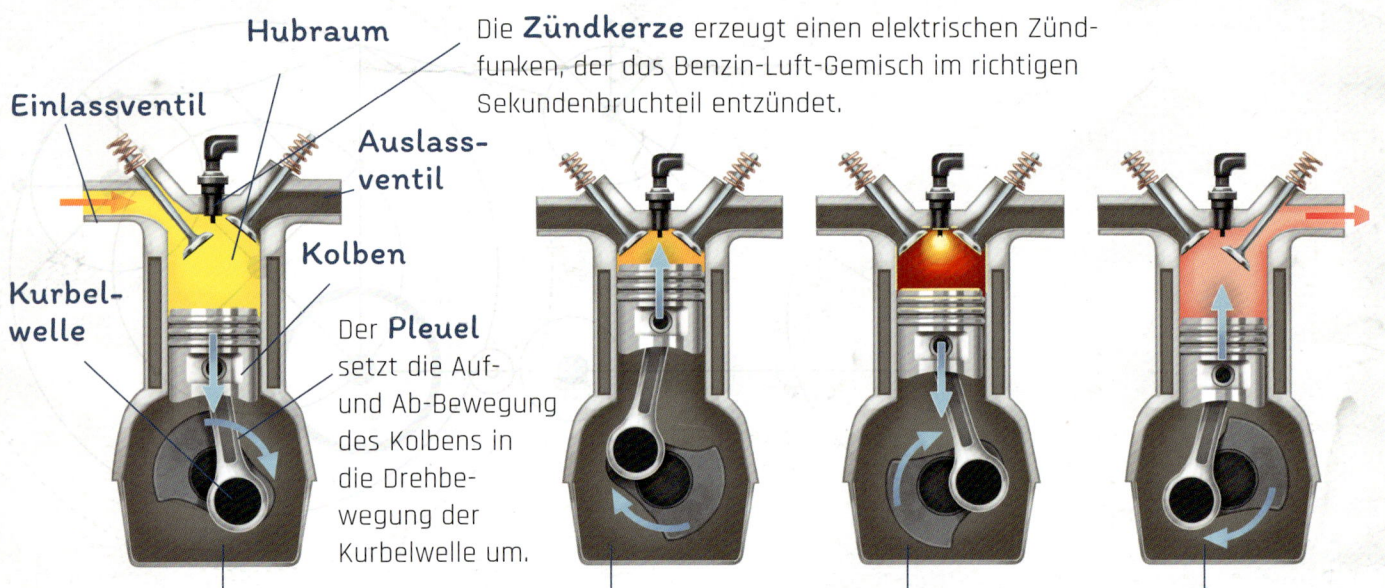

Die **Zündkerze** erzeugt einen elektrischen Zündfunken, der das Benzin-Luft-Gemisch im richtigen Sekundenbruchteil entzündet.

Hubraum

Einlassventil

Auslassventil

Kolben

Kurbelwelle

Der **Pleuel** setzt die Auf- und Ab-Bewegung des Kolbens in die Drehbewegung der Kurbelwelle um.

Takt 1: Das Einlassventil ist geöffnet, die Kurbelwelle bewegt den Kolben nach unten. Der Hubraum des Zylinders füllt sich mit dem angesaugtem Benzin-Luft-Gemisch.

Takt 2: Alle Ventile sind geschlossen. Die Kurbelwelle drückt den Kolben nach oben, sodass er das Benzin-Luft-Gemisch verdichtet.

Takt 3: Ein elektrischer Funken an der Zündkerze entzündet das Gemisch. Es verbrennt explosionsartig. Die sich ausdehnenden heißen Verbrennungsgase treiben den Kolben nach unten: In diesem Takt erzeugt der Motor Kraft.

Takt 4: Die Kurbelwelle treibt den Kolben nach oben, sodass die Verbrennungsgase durch das nun geöffnete Auslassventil ausgestoßen werden.

OTTOMOTOR

Ein Motor enthält neben Zylindern und Kolben weitere wichtige Teile. Außerdem kombiniert man darin (meist) vier Zylinder so, dass sie auf einer gemeinsamen Kurbelwelle arbeiten. Ihre Arbeitstakte sind so gegeneinander versetzt, dass sie reihum Kraft liefern. Das Motorsteuergerät verarbeitet dabei die Daten, die ihm zahlreiche im Motor eingebaute Messfühler liefern, und regelt den Motor auf jeweils optimalen Betrieb.

Die **Einspritzanlage** sprüht im richtigen Moment unter hohem Druck einen Treibstoffnebel in den Zylinder oder in dessen Luftansaugung.

Kühlmittel

Die **Kurbelwelle** ist über Pleuel mit den Kolben verbunden.

Der **Zahnriemen** treibt die Nockenwelle an.

Die **Nockenwelle** steuert über Nocken die Ventile, damit sie sich im richtigen Moment öffnen und schließen.

Die **Nocken** übertragen die Bewegung der Nockenwelle auf die Ventile.

Der **Anlasser** ist ein Elektromotor, der den Motor beim Starten dreht, bis er anspringt und von selbst weiterläuft.

Das **Abgasrohr** führt Abgase zum Auspuff.

DIESELMOTOR

Diese Motoren, die man in Lastwagen und Schiffen sowie in vielen Pkws findet, nutzen die im Kraftstoff enthaltene Energie deutlich ergiebiger aus als Benzinmotoren. Beim Diesel saugt der erste Arbeitstakt nur Luft an. Sie wird aber weit stärker zusammengepresst als beim Benzinmotor, erhitzt sich dadurch sehr stark und entzündet das im dritten Takt eingespritzte Dieselöl sofort. Zündkerzen sind daher unnötig. Der Motor enthält aber sogenannte Glühkerzen, die beim Starten die Luft zusätzlich erhitzen und besonders an kalten Tagen das Starten erleichtern.

Treib- und Schmierstoffe

Benzin ist eine farblose, brennbare, leicht verdampfbare Flüssigkeit. Hergestellt wird es in Raffinerien aus Erdöl (S. 51). Auf die gleiche Art wird auch Dieselöl erzeugt. Es ist allerdings weniger leicht verdampfbar und nicht so entzündlich. Auch Erdgas und in Raffinerien hergestelltes Flüssiggas (Propan) dienen bei manchen Automodellen als Treibstoff.
Alle beweglichen Teile in einem Motor müssen geschmiert werden, damit sie mit geringen Reibungsverlusten und wenig Materialabrieb laufen. Diese Aufgabe übernimmt das Schmieröl. Betreibt man einen Motor mit zu wenig oder ungeeignetem Schmieröl, geht er rasch kaputt.

ASSISTENZSYSTEME

Ein modernes Auto enthält heute viele Einrichtungen, um das Fahren sicherer und bequemer zu machen. Viele davon nutzen hoch entwickelte Elektronik.

AIRBAG

Das sind große Kunststoffbeutel, die sich bei einem Aufprall des Wagens im Bruchteil einer Sekunde aufblasen und so verhindern, dass die Insassen gegen harte Teile der Innenausstattung geschleudert werden. Auslöser sind Sensoren, die eine extrem starke Bremsung des Fahrzeugs (stärker als bei einer Vollbremsung) registrieren. Das Gas zum Aufblasen stammt von der raschen Verpuffung einer bestimmten chemischen Substanz. Nach weniger als einer Sekunde erschlaffen die Airbags wieder.

SICHERHEITSGURTE

Sie bestehen aus einem strapazierfähigen Band, einem Schloss und einem Aufrollmechanismus: Er lässt sanfte Bewegung am Gurt zu, blockiert aber bei raschem Zug. Die Gurte bilden die wichtigste Sicherheitseinrichtung im Auto und sind der beste Lebensretter – allerdings nur, wenn man sich wirklich anschnallt. Sie verhindern dann, dass die Insassen bei einem Aufprall mit Gewalt gegen Teile der Inneneinrichtung geschleudert oder aus dem Auto katapultiert werden.

FAHRDYNAMIKREGELUNG

Auf rutschiger Fahrbahn oder bei einer zu schnellen Kurvenfahrt kann ein Wagen ins Schleudern kommen. Das soll diese Elektronik verhindern. Sie enthält zahlreiche Sensoren, die der Zentraleinheit über hundertmal pro Sekunde Beschleunigungswerte, Stellung des Lenkrads, Drehzahl der Räder, Stärke der Bremskraft und Motordrehzahl melden. Bei Schleudergefahr bremst das System gezielt einzelne Räder, um den Wagen auf Kurs zu halten.

ANTIBLOCKIERSYSTEM (ABS)

Tritt der Fahrer auf rutschiger Fahrbahn abrupt kräftig die Bremse, können die Räder blockieren: Sie drehen sich nicht mehr. Dadurch haften sie kaum noch auf dem Boden. Der Wagen rutscht dennoch weiter, lässt sich aber nicht mehr lenken und kann nicht mehr ausweichen. Das ABS misst mittels Messfühlern die Drehzahl jedes Rads und unterbricht bei Blockiergefahr mehrmals pro Sekunde kurz die Bremskraft. So sorgt es für die maximal mögliche Bremswirkung, bei der aber der Wagen lenkbar bleibt.

REGENSENSOR

Ein Sensor schaltet bei Regen automatisch den Scheibenwischer ein. Der Messfühler besteht aus einer Leuchtdiode und einem Lichtfühler, beide liegen hinter der Frontscheibe. Regentropfen verändern die optischen Eigenschaften des Glases, es kommt daher weniger Licht auf den Sensor und der Scheibenwischer wird aktiviert.

NAVIGATIONSSYSTEM

Es ermittelt die augenblickliche Position des Autos und den schnellsten Weg zu einem ausgewählten Ziel. Elektronisch codierte Landkarten zeigen alle Straßen und außerdem zahlreiche Spezialziele wie Tankstellen oder Hotels. Zudem kann das Navi aktuelle Verkehrsmeldungen empfangen und die Route danach optimieren. Damit der Fahrer nicht ständig auf den Bildschirm schauen muss, sagt eine Stimme die Fahranweisungen an.

EINPARKHILFE

An mehreren Stellen rund um den Wagen sind winzige Schallsender und -empfänger angebracht. Sie stoßen beim Einparken unhörbare Schallsignale aus, empfangen das Echo von einem Hindernis und messen so die Entfernung dazu. Unterhalb eines bestimmten Werts warnen sie durch Pieptöne. Manche Autos sind auch mit Kameras ausgestattet, die das Gebiet hinter dem Wagen auf einem Bildschirm zeigen. Modernste Autos besitzen eine elektronische Einparkhilfe: Sie nutzt die Sensorsignale, um den Wagen selbsttätig in die Parklücke zu manövrieren.

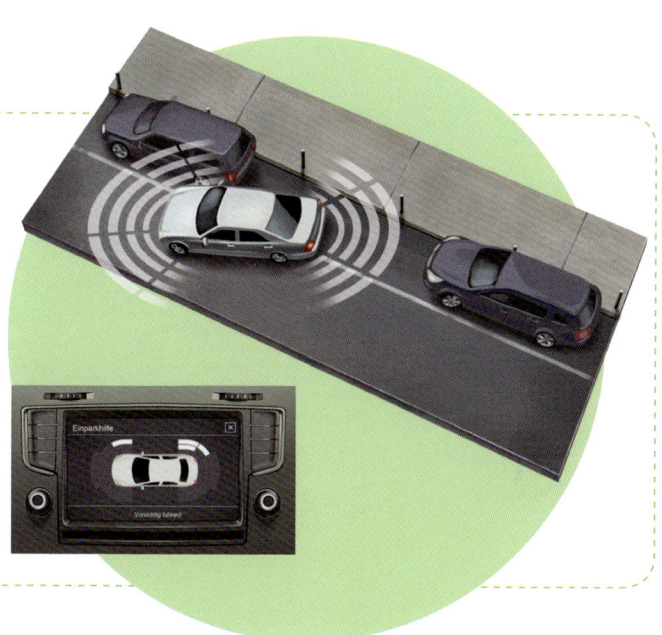

LICHTSTEUERUNG

Moderne Autos haben hinter der Frontscheibe eine kleine Kamera, die mit einer Auswerte-Elektronik verbunden ist. Sie steuert etwa die Lichtkegel der Scheinwerfer im Fall von entgegenkommenden Fahrzeugen so, dass niemand geblendet wird und der Fahrer dennoch gute Sicht hat. Sie verfolgt auch die weißen Markierungen in der Straßenmitte und am Rand und greift in die Steuerung ein, wenn das Auto ihnen versehentlich zu nahe kommt. Manche Kameras nutzen sogar unsichtbares Infrarotlicht, um bei schlechter Sicht ein Bild der Straße auf einem Bildschirm darzustellen – denn diese Lichtart durchdringt sogar Nebel.

CRASHTEST

Beim Crashtest wird im Labor ein Unfall verursacht. So untersuchen Autohersteller und Automobilverbände, wie ein Wagen beim Aufprall auf ein Hindernis oder bei einer Kollision von der Seite her reagiert. Statt Menschen sind Puppen (Dummys) an Bord. Sie tragen viele Messfühler, die Daten an Computer übermitteln. Zudem nehmen Hochgeschwindigkeitskameras jede Einzelheit des Vorgangs auf. So kann man feststellen, in welchem Maße die Wagenkonstruktion echte Personen schützen kann und wo eventuell Schwachstellen und Verletzungsgefahren lauern.

SPEZIALFAHRZEUGE

Manche Fahrzeuge besitzen Spezialeinrichtungen für wichtige Aufgaben.

RETTUNGSWAGEN

Nach Unfällen oder auch bei Krankheiten wie einem Herzinfarkt oder Schlaganfall müssen lebenserhaltende Maßnahmen so rasch wie möglich erfolgen. Dann kann man per Notruf einen Rettungswagen und einen Notarzt anfordern, die mit Blaulicht und Martinshorn herbeieilen. Der Wagen alles an Bord, was für die Hilfe nötig ist: Medikamente, erste Spritzen und Verbandsmaterial. Erstes Ziel ist es, Atmung, Herzschlag und Kreislauf zu stabilisieren und etwaige Blutungen zu stillen. Sobald der Patient transportfähig ist, fährt man ihn zur weiteren Behandlung ins Krankenhaus.

 Diagnosegeräte etwa für Herzschlag, Fieber und Blutzuckerwert

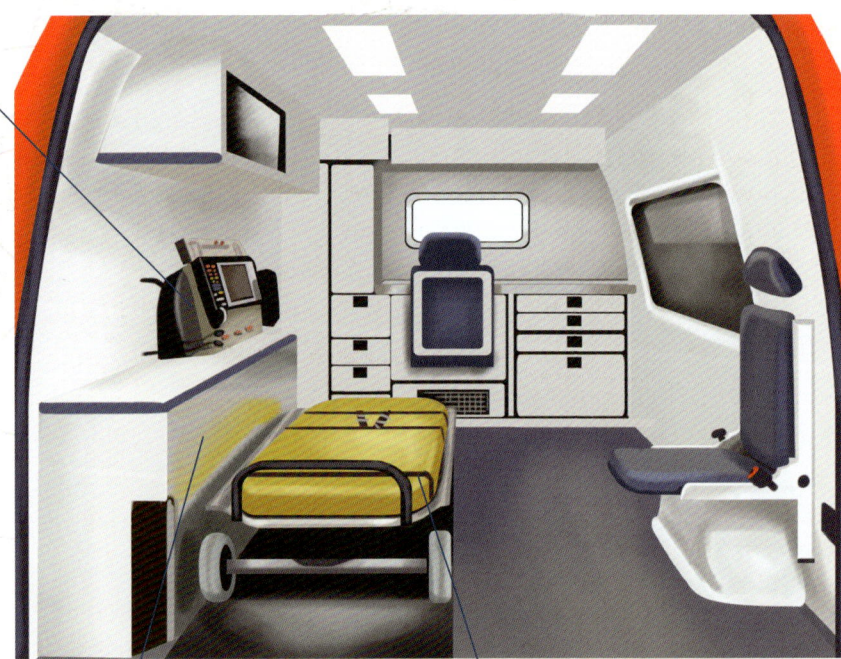

 **Beatmungsgeräte:** Sauerstoffflaschen, Geräte zum Absaugen von Erbrochenem aus der Luftröhre
Defibrillator zum Anregen eines stillstehenden oder unregelmäßig schlagenden Herzens

 **Tragsitze** und **Fahrtragen** zum schonenden Transport

GABELSTAPLER

Sie werden gebraucht, um etwa in Lagerhallen Produkte zu befördern oder auch Warenregale ein- oder auszuräumen. Der Fahrer schiebt die Gabel in den Hohlraum der Holzpaletten und hebt sie so sicher an. Man kann die Gabel bis zu zehn Meter emporfahren und damit Lasten von mehreren tausend Kilogramm Gewicht bewegen. Zudem sind Gabelstapler sehr schnell und wendig. Als Antrieb dient ein Elektro- oder Flüssiggas-Motor.

SEGWAY

Diese Einpersonen-Transporter besitzen eine Achse mit zwei Rädern, eine Plattform für den Fahrer und eine Lenkstange. Zum Antrieb dient je ein Elektromotor an den Rädern (S. 87). Eine elektronische Regelung sorgt für die Balance und steuert das Gerät in die Richtung, in die sich der Fahrer neigt. Die Geräte erreichen ein Tempo von etwa 20 Kilometer pro Stunde und mit einer Ladung der Akkus fast 40 Kilometer Reichweite.

STRASSENKEHRMASCHINE

Diese fahrenden Riesenstaubsauger säubern die Straßenränder. Auf einem Lastwagengestell tragen sie einen großen Behälter für den Schmutz. Seitlich und unter dem Fahrzeug drehen sich große Kehrbesen, die Dreck lösen und zum Straßenrand befördern. Ein dicker Saugschlauch, dessen Ventilator von einem Motor betrieben wird, saugt den Schmutz dann auf.

HOLZVOLLERNTER

Immer seltener trifft man im Wald Holzfäller mit Sägen. Heute übernehmen große Maschinen mit kräftigen Antriebsmotoren die Holzernte. Sie werden von einer einzelnen Person in einer schützenden Kabine gesteuert. Große Profilreifen bringen sie an jeden Ort im Wald. Manche Modelle haben statt Reifen Schreitbeine. Ihre ausfahrbaren und sehr beweglichen Fällköpfe können Bäume absägen, entasten, teilen und auf einen Schlepper stapeln, der das Holz abtransportiert. Restholz wie Zweige und Kronenteile werden gleich zu Holzhackschnitzeln für Heizungen verarbeitet.

IM STRASSENVERKEHR

Wichtige Verkehrsverbindungen sind Straßen, denn über sie rollen täglich Millionen Fahrzeuge. Der Verkehr soll möglichst sicher sein und frei fließen.

TANKSTELLE

Kraftfahrzeuge können hier mit Treibstoff befüllt werden. Eine große Tankstelle liefert neben Benzin und Diesel auch Flüssiggas und Erdgas.

Die Säulen sind mit einem oder mehreren **Zapfventilen** ausgestattet, um den Treibstoff in die Tanköffnung des Fahrzeugs zu füllen.
Benzinzapfventile besitzen eine **Absaugvorrichtung** für die Dämpfe des leichtflüchtigen Stoffs. Ein **Fühler** im Zapfhahn stoppt den Zufluss, wenn der Tank voll ist.

Das **Zählwerk** der Zapfsäule zeigt die entnommene Treibstoffmenge und den Preis an.

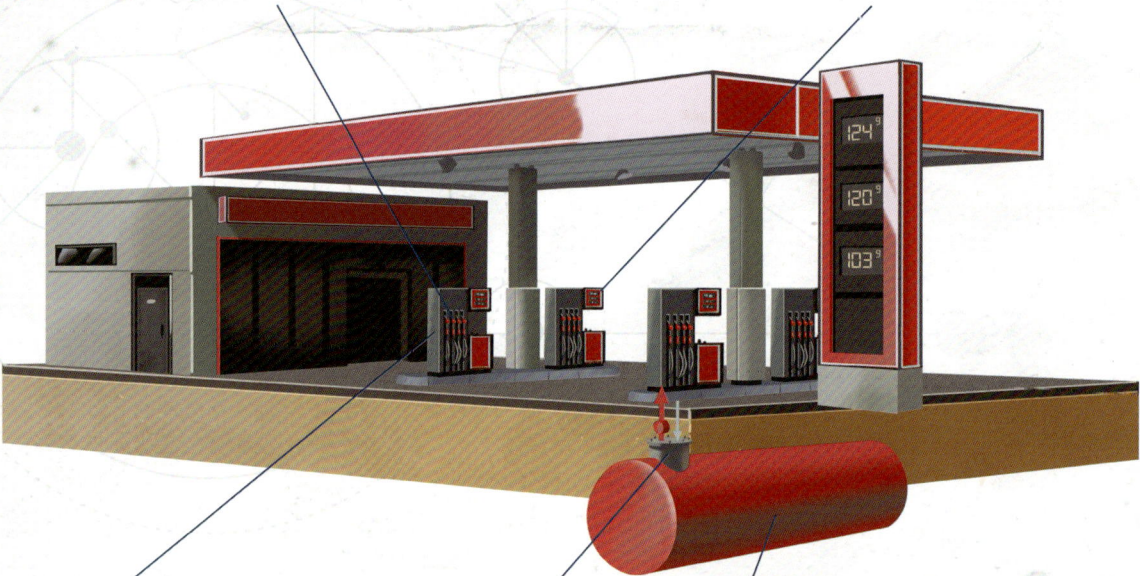

Eine von einem Elektromotor getriebene **Kreiselpumpe** saugt den Treibstoff in die Zapfsäule.

Tankmenge und Preis werden elektronisch an die **Kasse** übertragen und auf die Tankquittung gedruckt.

Rohre führen von jedem Tank zu den **Zapfsäulen**. Meist bietet jede Zapfsäule die Auswahl unter mehreren Sorten.

Die **Treibstoffe** liegen in großen unterirdischen Tanks, die mit Spezialtankwagen aufgefüllt werden.

Grüne Welle

AMPELN

Sie regeln durch rotes, gelbes oder grünes Licht den Verkehrsfluss. Elektronische Zeitgeber steuern die Ampelphasen – also die Leuchtdauer jeder Farbe. Sie arbeiten so zusammen, dass nicht alle Ampeln gleichzeitig grünes Licht zeigen. Bewegungsmelder können erkennen, ob Autos warten und die Grünphase so verlängern, dass noch alle Wagen durchfahren können. „Grüne Welle" nennt man eine spezielle Verkehrsführung auf Ausfallstraßen großer Städte. Dabei werden die Grünphasen mehrerer Ampelanlagen so aufeinander abgestimmt, dass die meisten Wagen immer grüne Ampeln passieren, wenn sie ein bestimmtes Tempo einhalten. Das funktioniert allerdings immer nur in eine Fahrtrichtung – etwa morgens stadteinwärts, nachmittags stadtauswärts.

GESCHWINDIGKEITS-KONTROLLEN MIT „BLITZERN"

Zu hohe Geschwindigkeit ist eine der Hauptursachen für Unfälle. Daher führt die Polizei regelmäßig Kontrollen durch, vor allem an Stellen, wo sich schon Unfälle ereignet haben. An vielen Stellen stehen auch fest aufgebaute Kontrollgeräte. Es werden unterschiedliche Messmethoden eingesetzt. Die zu schnellen Autos werden fotografiert und die Fahrer müssen je nach Höhe der Geschwindigkeitsüberschreitung Strafe zahlen oder sogar den Führerschein abgeben.

1. Der „Blitzer" sendet Radiowellen auf die Straße. Diese Wellen haben eine besonders hohe Frequenz.

2. Das Metall der Autos wirft einen Teil dieser Wellen zurück und ein Empfänger im Gerät nimmt die Echos auf.

3. Ein Rechner vergleicht die Frequenzen der gesendeten Wellen und der Echos. Je schneller ein Auto fährt, desto größer ist der Unterschied. Ursache dafür ist ein physikalisches Phänomen, der Doppler-Effekt (S. 150).

4. Ein Regler im Gerät stellt es auf die erlaubte Höchstgeschwindigkeit ein. Wird sie von einem Wagen überschritten, löst das Gerät die Kamera und einen Blitz aus und kopiert Datum, Uhrzeit und Geschwindigkeit ins Foto ein. Meist sind auch Kennzeichen und Fahrer gut zu erkennen.

5. Der Computer der Verkehrsbehörde analysiert jedes Bild, erkennt und liest das Nummernschild und ermittelt durch Anfrage im Zentralregister Name und Anschrift des Autobesitzers.

6. Schließlich druckt der Rechner den Strafzettel aus. Er wird dann per Post versandt.

MAUTSTATIONEN

Jeder Lkw muss in Deutschland Maut bezahlen, wenn er Autobahnen oder bestimmte andere Straßen nutzt. Das dazu verwendete System heißt Toll Collect. Die meisten Lkw sind mit einem OBU (*On Board Unit*) genannten Gerät ausgestattet. Es empfängt ständig Daten von Navigationssatelliten, kennt also seine Position. In gewissen Abständen sendet es sie an den Toll-Collect-Computer. Der Computer in der Toll-Collect-Zentrale errechnet die gefahrene Strecke und schreibt eine entsprechende Rechnung bzw. bucht den Betrag vom richtigen Konto ab.

FLUGZEUGE

Erst vor etwa 120 Jahren hob das erste Motorflugzeug ab. Moderne Düsenflugzeuge, von denen heute ständig tausende in der Luft sind, zählen zu den sichersten Verkehrsmitteln.

Die gewaltigen **Flügel** erzeugen durch Luftströmungen den Auftrieb. Ihre Hohlräume dienen als Treibstofftanks.

Dank der **Querruder** kann die Maschine sich nach rechts oder links neigen. Beim Kurvenflug werden sie gemeinsam mit dem Seitenleitwerk eingesetzt.

Mit dem **Seitenleitwerk** kann man die Maschine nach rechts oder links fliegen lassen.

Unter der **Radarkuppel** sitzt die Antenne eines Wetterradars, das etwa Gewitter in der Flugbahn anzeigt.

Mit dem **Höhenleitwerk** steuern die Piloten die Maschine nach oben oder unten.

Die **Türen** sind während des Flugs luftdicht verschlossen.

Das **Cockpit** ist der Arbeitsplatz der Piloten. Von hier aus steuern und überwachen sie die Maschine.

Das **Fahrwerk** trägt das tonnenschwere Flugzeug auf der Rollbahn. Besonders beim Landen müssen die Reifen ungeheure Belastungen aushalten.

Die **Triebwerke** erzeugen einen kraftvollen Luftstrom, der das Flugzeug vorwärtstreibt. Die **Bordturbine** am Heck erzeugt elektrischen Strom, wenn die Triebwerke stillstehen – etwa auf dem Flughafen. Der Strom wird unter anderem zum Anlassen der Triebwerke gebraucht.

COCKPIT

Pilot und Co-Pilot steuern hier die Maschine. Aus Sicherheitsgründen sind alle wichtigen Teile doppelt vorhanden.

Mit dem **Overhead-Panel** werden zahlreiche Einrichtungen gesteuert, die nicht direkt mit dem Fliegen zu tun haben: Licht, Klimaanlage und Flügelenteisung.

Der **Navigationsbildschirm** bildet die Flugrichtung, den geplanten Flugweg, das Wetter oder Hindernisse in der Flugbahn ab.

Mit der **Triebwerksteuerung** kann der Pilot „Gas geben".

Das **Funkgerät** ermöglicht Kontakt mit Kontrolltürmen von Flughäfen oder mit anderen Maschinen.

Das **Flugmanagementsystem** ist für die Abwicklung des Flugs zuständig. Hier geben die Piloten die Flugroute sowie das Ziel ein

Am **Motorkontrollbildschirm** kann man alle die Triebwerke betreffenden Daten ablesen, etwa Temperaturen, Drücke und den Treibstoffverbrauch.

Mit den **Fußpedalen** bedient der Pilot die Seitenruder.

Der **Flugdatenbildschirm** informiert unter anderem über Tempo und Höhe. Das Variometer zeigt Steig- bzw. Sinkgeschwindigkeit, der „künstliche Horizont", wie die Maschine in der Luft liegt.

Über die **Schalttafeln** wird der Autopilot eingeschaltet. Er hält selbstständig die Maschine auf Kurs und Höhe.

Mit dem **Steuerknüppel** wird die Maschine gelenkt. Bei modernen Maschinen ist er nur noch ein Joystick ähnlich wie bei Spielekonsolen.

Warum Flugzeuge fliegen

Bläst man über ein locker gehaltenes Blatt Papier, hebt es sich an. Der Grund: In einem Luftstrom ist der Luftdruck oberhalb etwas geringer als unterhalb. Deshalb drückt die Außenluft das Papier gegen die Schwerkraft nach oben in den Luftstrom hinein. Bei Flugzeugen sorgt die Luftströmung über der Flügeloberseite für den Auftrieb, denn dank der Flügelform ist sie schneller als die Strömung unter dem Flügel. Allerdings funktioniert dieses Prinzip erst ab einer bestimmten Geschwindigkeit des Flugzeugs. Deshalb beschleunigt die Maschine beim Starten, bis sie abheben kann.

HUBSCHRAUBER UND BALLON

Flugzeuge zählen heute zu den am meisten genutzten Luftfahrzeugen. Doch für Spezialzwecke oder im Sport gibt es noch andere Möglichkeiten, sich in die Lüfte zu erheben.

HUBSCHRAUBER

Hubschrauber haben keine Flügel. Dennoch können sie fliegen, sogar senkrecht starten und landen und in der Luft schweben.

Die **Instrumenten-konsole** enthält alle Steuerungs- und Kontrollgeräte.

Der **Rotorkopf** überträgt die Drehung sowie die Rotoreinstellungen von der Rotorwelle auf den Rotor.

Die rotierenden **Rotorblätter** erzeugen eine Luftströmung und einen Auftrieb, der die Maschine anhebt. Durch gezielte Veränderung der Blattstellung oder der Drehebene des Rotors kann man auch die Flugrichtung einstellen.

Obere und untere Finne stabilisieren den Flug der Maschine.

Die **Kabine** bietet Platz für den Piloten und weitere Personen.

Das **Warnlicht** macht den Hubschrauber im Dunkeln für andere Piloten besser erkennbar.

Der **Heckrotor** gleicht das Drehmoment des Hauptrotors aus und verhindert so, dass sich statt des Rotors der Hubschrauber dreht. Manche Hubschraubertypen haben stattdessen zwei gegenläufig drehende Rotoren.

Kufen dienen zur Landung. Der Hubschrauber muss nicht ausrollen und landet deshalb nicht auf Rädern.

Eine **Gasturbine** ist meist der Hauptantrieb.

Der **Tank** enthält den Treibstoff für den Antrieb.

Rückstoß

Blase einen Luftballon auf und lasse ihn dann los. Er wird wild durch den Raum schießen. Die hinten ausströmende Luft übt einen Rückstoß aus, der den Ballon vorwärtstreibt. Nach dem gleichen Prinzip arbeiten auch Düsentriebwerk und Rakete.

Du brauchst:
- Einen Luftballon

FLUGDATENSCHREIBER (BLACK BOX)

Dieses Gerät ist sehr robust gebaut und kann einen Flugzeugabsturz überstehen. Es zeichnet während des Flugs Daten über Höhe, Flugrichtung und Zustand der Triebwerke und Steuerelemente sowie die Gespräche im Cockpit auf. So kann man nach einem Unfall dessen Ursache ermitteln.

HEISSLUFTBALLON

Dieser älteste Typ eines Ballons erhob sich erstmals 1783 mit Personen in die Luft. Heute werden solche Ballons gerne als Sportgeräte genutzt. Die Hülle ist unten offen und wird mit heißer Luft gefüllt. Steuern kann man den Ballon nicht, man kann aber eine Höhe aufsuchen, in der ein Wind in die gewünschte Richtung bläst.

Ein regelbarer großer **Gasbrenner** erzeugt die Heißluft für den Ballon. Sie ist leichter als kalte Luft und liefert daher Auftrieb. **Propangasflaschen** bergen das Brenngas zum Erhitzen der Luft. **Navigationsausrüstung und Funkgerät** sind unerlässlich, denn jede Ballonfahrt muss der Flugkontrolle angezeigt werden.
Der **Korb** bietet Raum für Pilot, Passagiere und Gasbrenner.

Die oft farbige **Hülle** aus leichten Kunstfaserstoffen kann ein gewaltiges Gasvolumen fassen.

Das **Parachuteventil** am oberen Ende der Hülle kann man öffnen, wenn der Ballon rasch sinken soll.

Die **Seile** verbinden den Korb mit der Hülle.

GASBALLON

Diese Ballons bestehen aus einer gasdichten Hülle mit angehängtem Korb oder einer Nutzlast. Gefüllt sind sie mit einem Gas, das eine geringere Dichte hat als Luft: entweder mit Wasserstoff, der brennbar und billig ist, oder mit teurem, unbrennbarem Helium, das aber weniger Auftrieb liefert. Kleine Heliumballons dienen als Kinderspielzeug. Eher selten werden Gasballons für Luftfahrten genutzt, obwohl sie viel länger als Heißluftballons in der Luft bleiben können. Meist dienen sie zur Messung von Wind und Temperatur in großen Höhen. Sie haben dann als Nutzlast ein automatisches Messgerät mit Funksender.

LUFTFAHRT

Ein sicherer Luftverkehr für abertausende von Passagieren pro Tag erfordert außer den Flugzeugen selbst zahlreiche weitere Einrichtungen, die sich vor allem auf den Flugplätzen finden.

FLUGHAFEN

Am Flughafen wird dafür Sorge getragen, dass die Passagiere und ihr Gepäck sicher und bequem ihr Flugzeug erreichen und dass dieses in optimalem technischem Zustand ist.

In der **Abfertigungshalle** treffen die Passagiere ein, geben ihr Gepäck ab und gehen dann durch die Sicherheitskontrolle in den Warteraum für ihren Flug.

In der **Frachthalle** wird Luftfracht gelagert, sortiert und zur richtigen Frachtmaschine gefahren. Meist sind dies eilige Dinge wie Post und Ersatzteile oder verderbliche Waren wie Obst oder Schnittblumen. Sie gelangen so besonders rasch ans Ziel.

Im **Hangar** werden die Maschinen gewartet und repariert.

Vom **Kontrollturm** aus werden der Flughafenbereich und der umgebende Luftraum per Radar überwacht. Außerdem erteilen die hier arbeitenden Fluglotsen den Piloten per Funk die Start- bzw. Landeerlaubnis und schreiben die jeweiligen Flughöhen und Flugwege vor. So werden Kollisionen vermieden.

Die **Flugüberwachung** sieht alle Flugzeuge mitsamt Kennung auf großen Radarschirmen und kontrolliert und steuert den Luftverkehr so, dass er unfallfrei abläuft.

Am **Gepäckschalter** geben die Passagiere ihr Gepäck ab. Es reist im Gepäckraum des Flugzeugs mit.

Die **Fluggastbrücke** wird an die Tür des Flugzeugs herangefahren, damit die Passagiere bequem ein- und aussteigen können.

Die Fluggäste steigen über die **Gangway** aus und ein, wenn das Flugzeug auf dem offenen Rollfeld parkt.

Gepäckverladung: Das Gepäck der Fluggäste wird im Gepäckraum im Flugzeugbauch untergebracht.

Start- und Landebahn: Der Kontrollturm weist jedem Flugzeug zu, auf welcher Bahn es starten oder landen darf.

Rollbahnen nennt man die Zufahrtswege, auf denen die Maschinen mit eigener Kraft zu den Start- und Landebahnen rollen.

Das **Tankfahrzeug** füllt den Treibstoffvorrat eines Flugzeugs vor jedem Start wieder auf.

Die Antennen des **Funkfeuers** senden Funksignale, mit deren Hilfe die Flugzeuge auch bei Nacht und Nebel sicher zum Flughafen finden.

RADAR

Der Flugverkehr wird vor allem per Radar überwacht. Die rotierende Radarantenne sendet ständig Impulse von Radiowellen aus. Sie breiten sich kilometerweit aus. Treffen sie auf ein Flugzeug, reflektiert dessen Metall einen kleinen Teil der Wellen. Die Antenne fängt diese Echos auf. Ein Computer ermittelt daraus Position, Höhe, Entfernung, Flugrichtung und Geschwindigkeit der Maschine und stellt alles auf einem großen Bildschirm dar (S.27). Außerdem gibt es noch ein zweites Radarsignal (Sekundärradar), das eine Automatik im Flugzeug auffordert, dessen Kennzeichen zu senden. Es wird dann ebenfalls auf dem Bildschirm dargestellt. So können die Fluglotsen erkennen, was sich im weiten Umkreis sowie auf dem Flugfeld selbst abspielt, und Kollisionen bestmöglich verhüten.

SICHERHEITSKONTROLLE

Jeder Passagier und jedes Gepäckstück werden heute vor Abflug kontrolliert, damit niemand Waffen oder Sprengstoff an Bord schmuggeln kann. Passagiere müssen alle Handgepäckstücke und Metallteile ablegen und dann durch eine Schleuse treten, die selbst kleine Metallteile erfasst. An einigen Flughäfen gibt es Ganzkörperscanner, die durch die Kleidung bis auf die Haut schauen und alles erkennen. Die Handgepäckstücke werden mit Röntgengeräten durchleuchtet und auf einem Bildschirm dargestellt. Eine spezielle Farbgebung hilft dabei, jeden Gegenstand zu erkennen. Verdächtige Gegenstände muss man auspacken und vorzeigen. Auch das Hauptgepäck wird vor dem Einladen überprüft.

UNTERWEGS MIT DER BAHN

Fast 200 Jahre ist es her, dass die erste Eisenbahn fuhr. Heute besitzen mehrere Länder ein Netz von Hochgeschwindigkeitszügen, die mit bis zu 250 Kilometer pro Stunde über die Schienen jagen.

INTERCITY-EXPRESS

Die schnittigen weißen Züge fahren mit elektrischem Strom. Zwar sitzt vorn im Führerstand ein Lokführer, die Motoren aber sind entlang dem Zug verteilt. Damit die Züge ihr volles Tempo erreichen können, wurden neue Strecken mit geringer Steigung gebaut. Sie überwinden Berge und Täler durch lange Tunnel und Brücken.

Im **Bordrestaurant** können die Fahrgäste während der Fahrt essen und trinken. Die Speisen werden in einer kleinen Küche zubereitet.

Die **Stromabnehmer** laufen am Fahrdraht entlang und versorgen den Zug mit elektrischem Strom.

Der **Fahrdraht** (Oberleitung) aus besonders widerstandsfähigem Metall ist in stets gleicher Höhe über den Schienen aufgehängt. Er führt elektrischen Strom hoher Spannung, den Bahnstrom-Umformerwerke aus dem öffentlichen Stromnetz entnehmen und einspeisen. Durch die Schienen fließt wieder zurück (Stromkreis S. 9).

Mittelwagen fahren stets innerhalb des Zugs. Sie sind mit Sitzplätzen, Toiletten, Klimaanlagen und Restaurants ausgestattet. **Powercars** nennt man Mittelwagen mit Antriebsmotoren. Je nach Zuglänge werden mehrere davon eingesetzt.

Bremsen: Aus Sicherheitsgründen gibt es mehrere unabhängige Bremssysteme, die teils speziell für Notbremsungen ausgelegt sind. Das System für normale Bremsungen gewinnt beim Bremsen elektrische Energie zurück, arbeitet also besonders sparsam.

ALPENBASISTUNNEL

Das europäische Hochgeschwindigkeitsbahnnetz erfordert spezielle Tunnel unter den Alpen. Anders als frühere Alpentunnel durchstechen sie die Berge an deren Basis. So müssen die Züge nicht mühsam und zeitraubend in die Höhe fahren. Dafür sind die Tunnel besonders lang. Beim Gotthard-Basistunnel in der Schweiz etwa ist jede der beiden Röhren etwa 57 Kilometer lang. Ähnliche Tunnel sind auch in Österreich (Brenner) und in Frankreich (Mont Cenis) in Vorbereitung.

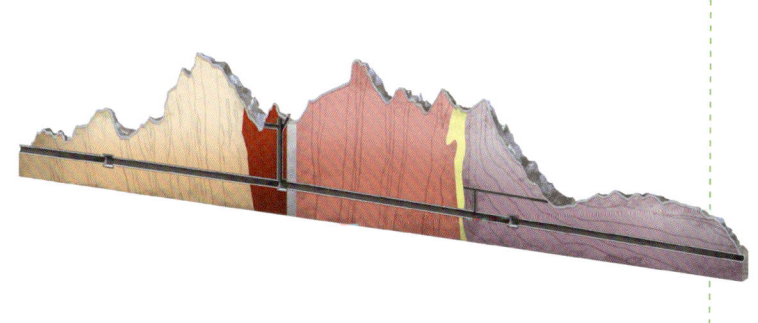

Bildschirme geben dem **Lokführer** Auskunft über den technischen Zustand des Zugs und zeigen Informationen über die Fahrtstrecke, denn Signale von Ampeln könnte er bei dem hohen Tempo nicht sicher erkennen.

Endwagen werden vorn und hinten angekoppelt und besitzen Führerstände. Von dort aus steuert der Lokführer den Zug.

MAGNETSCHWEBEBAHN

Diese Bahnen laufen nicht auf Rädern und Schienen. Stattdessen schweben die Züge dank magnetischer Kräfte wenige Millimeter über dem Fahrweg. Das vermeidet jegliche kräftezehrende Reibung und reduziert Lärm. Angetrieben werden sie von einem speziellen elektrischen Motortyp, der die Züge magnetisch vorwärtsbewegt. Sie erreichen Geschwindigkeiten von über 500 Kilometer pro Stunde, brauchen allerdings einen speziell ausgestatteten und daher teuren Fahrweg.

RANGIERBAHNHOF

Diese Bahnhöfe sind allein für den Güterverkehr bestimmt. Güterwagen, die aus unterschiedlichen Richtungen angekommen sind, werden hier zu Güterzügen zusammengestellt, die jeweils für ein gemeinsames Ziel bestimmt sind. Es können bis zu 40 Gleise zusammenfließen.

AUF DEM SCHIFF

Über die Ozeane fahren gewaltige Schiffe unterschiedlicher Art und befördern Waren. Außer Flüssigkeiten wie Erdöl und Massengütern wie Kohle und Erz reisen diese Waren heute meist in Containern. Abertausende dieser genormten Blechkisten sind mit jedem der gewaltigen Schiffe über die Ozeane unterwegs.

CONTAINERSCHIFF

Steuerbord ist die rechte Seite.

Die Stockwerke eines Schiffs nennt man **Decks.**

Radargeräte überwachen die Umgebung des Schiffs. So kann der Steuermann auch bei Nacht und Nebel andere Schiffe in der Nähe erkennen (S. 27).

Der **Bug** trägt unter Wasser einen Wulst. Dieser verringert den Wasserwiderstand und spart daher Treibstoff.

Backbord nennt man die linke Seite des Schiffs.

Ein Schiff verfügt über mehrere **Tanks** für Treibstoff, Schmieröl und Trinkwasser.

Am **Heck** findet man Steuerruder und Schiffsschrauben.

Im **Maschinenraum** ist der Hauptantrieb untergebracht. Außerdem stehen hier Geräte zur Stromerzeugung, Kältemaschinen zur Kühlung der Proviantvorratsräume sowie die Rudermaschine. Von einem speziellen Maschinenkontrollraum aus werden alle Maschinen überwacht.

Container

In diesen riesigen, stapelbaren Blechkisten werden Waren transportiert. Container lassen sich gut verladen und stapeln. Jeder hat eine spezielle Kennzeichnung, daher kann man per Computer jeden einzelnen jederzeit orten. Meist sind sie etwa sechs oder 12 Meter lang. Es gibt diverse Sonderformen, etwa Kühlcontainer mit Kühlanlage oder Tankcontainer für Flüssigkeiten.

Funkantennen sorgen für ständigen Kontakt mit der Welt, etwa für Aufträge von der Reederei, für Privatgespräche der Besatzung und Notrufe. Heute laufen fast alle Meldungen über Satelliten.

Durch den **Schornstein** gelangen die Verbrennungsgase der Maschinen ins Freie.

Der Kapitän regelt von der **Brücke** aus das Steuerruder und die Geschwindigkeit des Schiffs. Dafür hat er Geräte, mit denen das Schiff seinen Weg übers Meer findet, darunter Satellitennavigation, Funk, Radar und Echolot zum Messen der Wassertiefe.

Der **Schiffsdiesel**, ein gewaltiger, viele Meter langer Dieselmotor, treibt die Schiffsschraube an. Bei großen Containerschiffen schluckt die Maschine gut 300 000 Kilogramm Treibstoff pro Tag!

DER WEG DER CONTAINER

Der obere Arm der Containerbrücke im Hafen spannt sich dutzende Meter weit über das Schiff. Ein Kran mit Greifer an diesem Arm hebt einen Container nach dem anderen heraus und setzt ihn auf die Ladefläche eines Spezialfahrzeugs (AGV). Das AGV bringt den Container computergesteuert an den Lagerplatz. Am Lagerplatz hebt ein ebenfalls computergesteuerter Kran den Container ab und setzt ihn vorübergehend auf den vorgesehenen Platz ab. Spezialfahrzeuge bringen den Container dann zu einem Lastwagen, setzen ihn auf einen Güterzugwagen oder auf ein Feederschiff. Feederschiffe befördern Container zwischen den großen Tiefwasserhäfen und kleineren Häfen, die die riesigen Containerschiffe nicht anlaufen können.

Die rotierende **Schiffsschraube** erzeugt dank ihrer Propellerform einen nach hinten gerichteten Wasserstrom und dadurch eine vorwärtstreibende Kraft. Große Schiffe haben mehrere Schiffsschrauben.

Das **Steuerruder** bestimmt die Fahrtrichtung des Schiffs. Zum Bewegen des meterhohen Metallblatts dient eine kräftige Rudermaschine, die von der Brücke aus bedient wird.

SEEFAHRT

TANKER

Diese Schiffe sind mit Tanks und Pumpen ausgerüstet, um Flüssigkeiten zu befördern. Meist transportieren sie Erdöl, Flüssiggas oder Chemikalien, bisweilen auch Trinkwasser. Manche sind fast einen halben Kilometer lang und haben Tanks für rund 400 000 Tonnen Flüssigkeit.

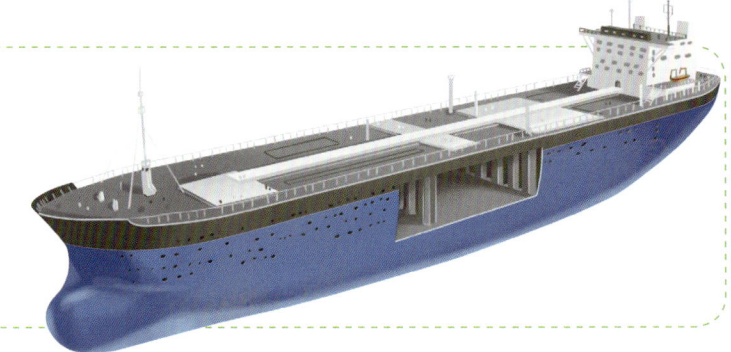

KREUZFAHRTSCHIFF

Tausende von Passagieren reisen damit über See zu touristisch interessanten Zielen. Diese Luxusschiffe sind zudem mit Erholungseinrichtungen, Kinos, Bühnen, Einkaufsmöglichkeiten und Speisesälen ausgestattet. Kleinere Schiffe dieser Art befahren auch Nil, Donau oder Rhein.

Kino und **Konzertsaal**

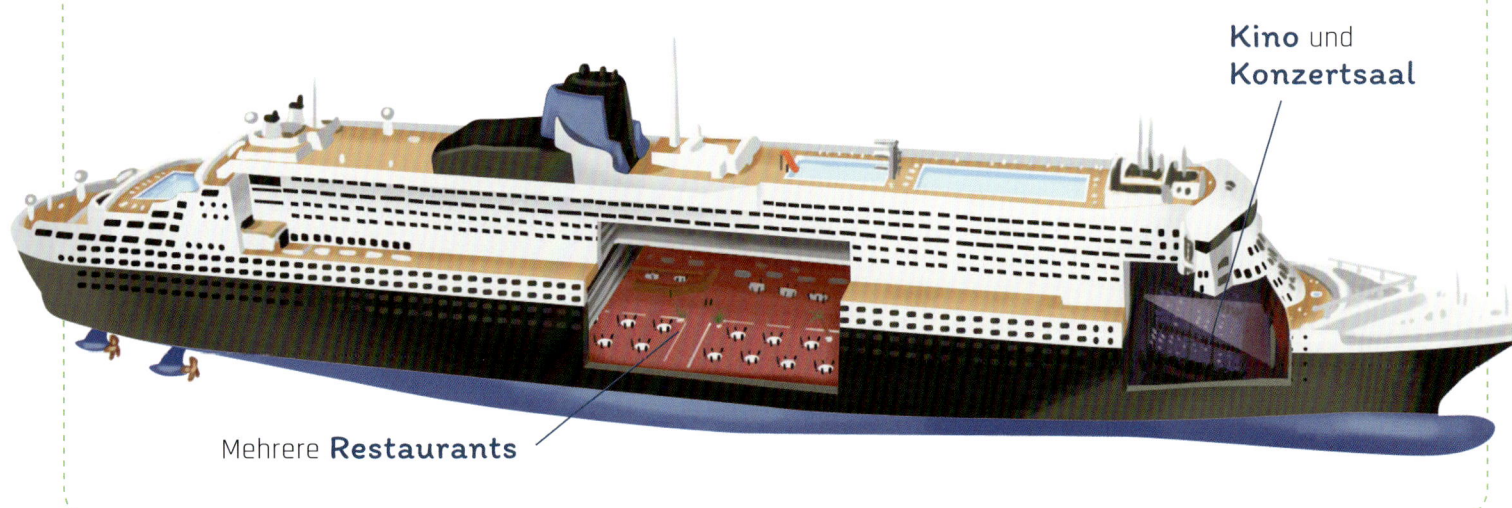

Mehrere **Restaurants**

FÄHRE

Diese Schiffe dienen zum Übersetzen von Personen, Autos oder ganzen Eisenbahnzügen über Meeresarme oder Flüsse. Sie pendeln zwischen den Zielen.

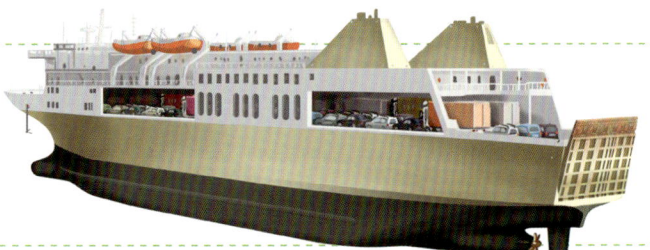

TAUCHBOOT

Unter Wasser kann man mit diesen Schiffen fahren. Kleine Tiefsee-U-Boote untersuchen den Meeresgrund und die Lebewesen in den Ozeanen.

MASSENGUTFRACHTER (BULKER)

Sie werden zum Transport loser Massengüter verwendet: Kohle, Erz, Getreide, Düngemittel oder Zement.

TRAGFLÜGELBOOT

Diese Boote können ein außerordentlich hohes Tempo von mehr als 100 Kilometern pro Stunde erreichen. Der Tragflügel unter Wasser hebt das Vorderteil des Rumpfs ab einer bestimmten Geschwindigkeit aus dem Wasser, sodass nur das Heck mit der Schiffsschraube eintaucht. Dadurch sinkt der Wasserwiderstand deutlich. Solche Boote werden zum raschen Transport von Personen eingesetzt.

HAFEN

Häfen sind die Schnittstelle zwischen dem Verkehr auf dem Wasser und an Land. Es gibt Einrichtungen zum Be- und Entladen der Waren, zum Betanken und Versorgen der Schiffe mit Vorräten und meist auch für Reparaturen. Seehäfen sind für Hochseeschiffe geeignet, Binnenhäfen liegen im Binnenland an Flüssen.

LEUCHTFEUER

Auch in Zeiten der Satellitennavigation arbeiten noch Leuchtfeuer, manche auf hohen Leuchttürmen. Sie warnen Seeleute an Gefahrenstellen und helfen zudem bei der Standortbestimmung: Jedes sendet spezielle Lichtzeichen aus, sodass ein Schiff mithilfe der Seekarte seine Position ermitteln kann.

KANAL

Künstlich gegrabene Wasserwege erlauben Schiffstransporte im Binnenland, andere kürzen Schifffahrtswege ab. So müssen etwa Schiffe nach Asien dank des Sueskanals nicht den Weg um Afrika herum nehmen und der Panamakanal spart die Reise um Kap Hoorn (Südamerika).

SCHLEUSE

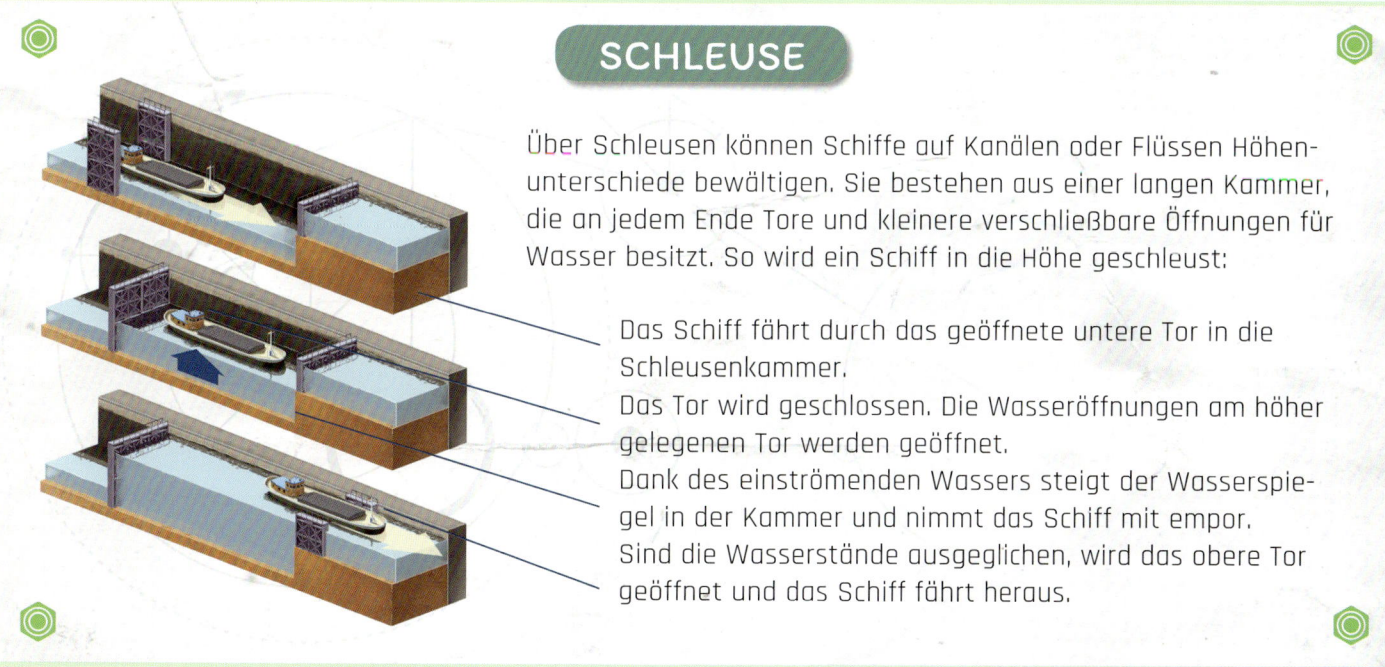

Über Schleusen können Schiffe auf Kanälen oder Flüssen Höhenunterschiede bewältigen. Sie bestehen aus einer langen Kammer, die an jedem Ende Tore und kleinere verschließbare Öffnungen für Wasser besitzt. So wird ein Schiff in die Höhe geschleust:

Das Schiff fährt durch das geöffnete untere Tor in die Schleusenkammer.

Das Tor wird geschlossen. Die Wasseröffnungen am höher gelegenen Tor werden geöffnet.

Dank des einströmenden Wassers steigt der Wasserspiegel in der Kammer und nimmt das Schiff mit empor.

Sind die Wasserstände ausgeglichen, wird das obere Tor geöffnet und das Schiff fährt heraus.

IM INNERN DES COMPUTERS

Aufgabe eines Computers ist die Verarbeitung von Daten. Das können Zahlen, Texte, Fotos, Videos, Töne und vieles andere sein. Der Computer kann sie aufnehmen, speichern, gezielt bearbeiten, wiedergeben oder auch mit anderen Computern austauschen. Computer sind zunächst dumme Geräte. Man muss ihnen erst beibringen, was genau sie tun sollen. Das leisten Computerprogramme. Sie werden mit dem Begriff Software bezeichnet. Die Elektronikteile des Computers – wie Monitor, Speicher, Tastatur, Drucker – dagegen nennt man Hardware.

Die **Grafikkarte**, eine der Platinen im Computer, wandelt Daten in eine Form, die der Bildschirm wiedergeben kann. An moderne Grafikkarten kann man mehrere Bildschirme anschließen.

Das **Netzteil** versorgt alle Teile des Computers mit elektrischem Strom passender Spannung.

Der **Lautsprecher** gibt Töne wieder: Warntöne vom Computersystem selbst, Musik, Töne von Videos oder die Stimme von Gesprächspartnern, mit denen man per Internet telefoniert.

Die **Kamera** wird vor allem bei Videogesprächen genutzt, bei denen sich die Gesprächspartner nicht nur hören, sondern auch sehen können.

RAM-Speicher können Daten besonders rasch aufnehmen und wiedergeben. Sie dienen zum Zwischenspeichern von Daten während des Verarbeitungsprozesses.

Die **Ein- und Ausgabesteuerung** stellt den Kontakt zu angeschlossenen Geräten her. Die Daten werden dazu wenn nötig passend umgewandelt, außerdem überwacht der Computer den Datenverkehr.

Die Daten in einem **ROM-Speicher** kann der Rechner nur ablesen. In ihnen hat der Computerhersteller die Arbeitsbefehle gespeichert, die der Computer beim Start für die ersten Schritte braucht, etwa „Hole weitere Daten von der Festplatte".

Das **Mikrofon** dient vor allem für Unterhaltungen mit anderen Computernutzern per Internet. Moderne Computer nehmen darüber aber auch gesprochene Befehle entgegen.

MIKROPROZESSOR

Diese Zentraleinheit verarbeitet Daten. Mikroprozessoren arbeiten daher nicht nur in Rechnern, sondern z. B. auch in Mobiltelefonen, Digitalkameras, Spielkonsolen, Autos und sogar in Haushaltsgeräten wie etwa Waschmaschinen. Auf einem daumennagelgroßen Plättchen sitzen mehrere Untereinheiten. Das Steuerwerk nimmt angelieferte Daten sowie die Arbeitsanweisungen von Computerprogrammen entgegen und bearbeitet sie. Das Rechenwerk führt mathematische Berechnungen aus. Der Taktgeber gibt das Arbeitstempo vor, denn alle Vorgänge laufen in einzelnen Arbeitsschritten ab. Je mehr Arbeitstakte pro Sekunde stattfinden, desto schneller ist der Rechner. Eine spezielle Leitung, die Daten und Befehle transportiert und daher Datenbus heißt, verbindet die Bauelemente des Mikroprozessors untereinander und mit weiteren angeschlossenen Einheiten.

Der **Lüfter** kühlt das Computerinnere, denn viele elektronische Bauteile erwärmen sich besonders bei höherer Arbeitsbelastung.

Der **Mikroprozessor** sitzt auf der Hauptplatine und stellt das Zentrum der Datenverarbeitung dar. Moderne Rechner haben sogar mehrere Mikroprozessoren, die sich die Arbeit teilen und so den Rechner schneller machen.

Die **Hauptplatine** ist die Zentrale des Computers. Hier findet die Verarbeitung der Arbeitsanweisungen (Befehle) und der Daten statt. Außerdem werden hier Daten gespeichert und der Kontakt mit angeschlossenen Geräten und dem Internet hergestellt und überwacht.

Platinen haben eine doppelte Aufgabe: Sie tragen die aufgelöteten elektronischen Bauteile und verbinden sie elektrisch durch winzige Kupferbahnen.

TRANSISTOR

Diese winzigen Teilchen stecken in jedem elektronischen Gerät und zu Abermilliarden in jedem Speicherchip und Mikroprozessor. Sie bestehen aus einem winzigen Kristall eines Halbleitermaterials, meist hochreinen Siliziums. Dieses chemische Element ist ein Bestandteil von Quarzsands. Dank seines speziellen Aufbaus kann ein Transistor je nach Anwendung schwache elektrische Signale verstärken. Außerdem kann er elektrische Verbindungen nach einem Steuersignal ein- oder ausschalten. Das ist seine Hauptfunktion in Computerchips.

Computerchips nennt man die kleinen Bauteile auf den Platinen. Manche sind Datenspeicher, andere übernehmen die Übertragung oder Verarbeitung der Daten.

Die **Festplatte** ist ein Massenspeicher für große Datenmengen. Sie werden in Form magnetischer Flecken auf schnell rotierenden Scheiben gespeichert.

Das Laufwerk dient zum Lesen und Beschreiben von CDs und DVDs (S. 30). An die diversen **Anschlüsse** kann man Tastatur und Maus sowie Zusatzgeräte wie etwa Drucker, Scanner, Datenspeicher oder USB-Sticks anschließen. Außerdem gibt es Anschlüsse für Verbindungen mit anderen Computern und zum Internet.

DAS GEDÄCHTNIS DES COMPUTERS

Eine wichtige Aufgabe von Computersystemen ist das Speichern von Daten jeder Art. Selbst ein Heimcomputer kann heute locker eine Datenmenge speichern, die Millionen von Seiten Text entspricht, und große Datenbanken halten noch Millionen Mal mehr Informationen vorrätig.

01000001

Egal, was man in einen Computer eingibt – Texte, Filme, Töne – er zerlegt alles in Zahlen. Denn nur damit kann er arbeiten. Intern nutzt er nicht unser Dezimalsystem mit zehn Ziffern, sondern ein System mit nur zwei Zeichen: 0 und 1. Dieses Dualsystem nämlich kann man darstellen als „Schalter ein" (1) und „Schalter aus" (0) oder „Strom fließt" bzw. „Kein Strom fließt".

Beim Speichern von Daten auf einer Festplatte bedeutet dann z.B. ein magnetisierter Fleck „1", ein nicht magnetisierter „0". Würde man die Platte direkt auslesen, bekäme man also eine schier endlose Reihe von Nullen und Einsen.

Pfeift man einen Ton ins Computermikrofon, wandelt der Computer ihn in elektrischen Strom um und misst mehrere tausend Mal pro Sekunde dessen Spannung. Die Zahlenwerte werden gespeichert. Soll er den Ton wiedergeben, produziert er jeweils exakt zur richtigen Zeit die entsprechende Spannung. Ein Lautsprecher macht daraus wieder Schall. Das Gleiche funktioniert auch mit den komplizierten Schallwellen von Musik.

Bei Bildern und Filmen werden Position, Helligkeit und Farbwert jedes Bildpunkts von jedem Einzelbild als Zahlenwert gespeichert und bei der Wiedergabe der Bildschirm entsprechend gesteuert.

Zum Umsetzen von Texten in Dualzahlen nutzt der Computer einen international vereinbarten Code, der jedem Buchstaben, jeder Ziffer und jedem Satzzeichen jeweils einen bestimmten Zahlenwert zuweist. Drückt man etwa die Taste „A", sendet die Tastatur die Folge „01000001" an den Rechner. So können die Texte gespeichert, an andere Rechner geschickt oder auf dem Bildschirm dargestellt werden.

BETRIEBSSYSTEME

Das Betriebssystem verwaltet den Computer, alle darin ablaufenden Prozesse, die Arbeit der Speicher und den Datenaustausch mit der Außenwelt, etwa mit dem Internet oder angeschlossenen Zusatzgeräten wie Tastatur, Maus, Monitor, Drucker. Außerdem lädt es nach dem Starten weitere Hilfsprogramme und Anwendungsprogramme. Bei Computern sind die Betriebssysteme Mac OS, Windows und Linux verbreitet. Bei Smartgeräten sind es Android und iOS.

FESTPLATTEN-LAUFWERK

Sie sind das in Computern heute meistgenutzte Speichermedium. Mindestens eine Festplatte ist im Gerät eingebaut, aber man kann weitere anschließen. Sie speichern die Daten als winzige magnetische Flecken.

Ein kleiner **Elektromotor** lässt die Platten mit über hundert Umdrehungen pro Sekunde rotieren.

Die **Platten** sind das eigentliche Speichermedium. Sie sind mit einem magnetisierbaren Material beschichtet. Meist enthält ein Laufwerk mehrere Platten auf der gleichen Drehachse.

Schmutz würde die Festplatten stören, deshalb sind sie staubfrei in einem fest verschlossenen **Gehäuse** eingebaut.

Der **Schreib-Lese-Kopf** an der Spitze des Aktuators ist ein winziger Elektromagnet, der die magnetischen Flecken erzeugen und ablesen kann. Dank Armbewegung und Plattendrehung kann er jeden Punkt der Platte erreichen.

Anschlüsse zur Datenübertragung

Die **Steuerelektronik** steuert die Aktuatorbewegung und sorgt vor allem dafür, dass die Daten geordnet geschrieben und gelesen werden. Sie richtet auf der Platte eine Art Inhaltsverzeichnis ein, in dem von allen Daten jeweils der genaue Speicherplatz verzeichnet ist. So kann der Rechner jede gewünschte Information sofort finden.

Der **Aktuator** ist ein sehr beweglicher Arm, den der Controller über die Platte steuern kann.

Stromversorgungsanschluss

COMPUTERPROGRAMME

COMPUTERNETZE

In Firmen und in vielen Haushalten sind mehrere Computer über Datennetze verbunden. So kann man rasch Daten wie Musik oder Filme übertragen oder auch gemeinsam auf einen Drucker oder einen zentralen Datenspeicher zugreifen. Meist werden diese Netze mit Spezialkabeln (Ethernet) aufgebaut. Man kann aber auch ein drahtloses Funknetz (WLAN) installieren. Die Reichweite beträgt meist einige dutzend Meter, durch dicke Wände deutlich weniger. An dieses Funknetz lassen sich auch Smartphones, Smart-Fernseher und Tablet-Computer anschließen. Sichere Passworte sorgen dafür, dass nur befugte Benutzer Zugang bekommen. Meist ist solch ein Netz über ein „Router" genanntes Gerät auch mit dem Internet gekoppelt und bietet jedem angeschlossenen Rechner oder Mobilgerät einen Zugang.

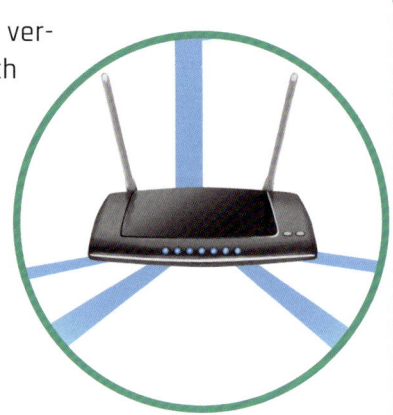

CLOUDCOMPUTING

Cloudcomputing stellt Anwendungsprogramme und Daten per Internet zur Verfügung. Man muss sie dann nicht auf dem eigenen Rechner vorrätig halten, sondern kann von überall her darauf zugreifen. Zudem ist damit ein weiterer Speicherplatz verbunden – so kann man eine geschützte und vor fremdem Zugriff gesicherte Kopie seiner Daten aufbewahren.

GROSSRECHNER

Sie sind weit größer und schneller als heimische Rechner und besitzen weit größere Datenspeicher. Gebraucht werden sie etwa für wissenschaftliche Berechnungen, zum Steuern des weltweiten Geldverkehrs oder für die Wettervorhersage. Auch Internetdienste wie Suchmaschinen nutzen solche umfassenden Rechnerleistungen.

USB-STICK UND SD-KARTE

Diese kleinen Stecker und Karten können heute riesige Informationsmengen speichern.

Der **Controller** kümmert sich um die Datenübertragung zwischen Computer und Speichermedium und steuert die Speicherung der Daten.

Die Leuchtdiode des **USB-Sticks** zeigt an, dass Daten übertragen werden. Wenn sie leuchtet, sollte man den Stick nicht abziehen.

Man schiebt den Kontakt in den Anschluss am Computer. Er überträgt die Daten und versorgt den Stick mit Strom.

Im **Speicherchip** werden die Daten aufbewahrt. Sie können hineingeschrieben und wieder abgelesen werden.

Kontakte zur Datenübertragung. Im Inneren der dünnen Karte sitzt der Speicherchip.

ANWENDUNGSPROGRAMME

Dies sind die Programme, die der Benutzer verwendet. Es gibt davon für jedes Betriebssystem abertausende für die unterschiedlichsten Aufgaben, wie Textverarbeitung, Speichern und Bearbeiten von Bildern, Schneiden von Filmen, Verarbeiten großer Mengen von Daten und Zahlen, Surfen im Internet, Erstellen von Illustrationen oder Internetseiten, Berechnen des aktuellen Anblicks des Sternhimmels. Und dazu kommen noch Unmengen von Computerspielen.

HILFSPROGRAMME

Sie erfüllen kleinere, aber wichtige Aufgaben. Treiber etwa sind für viele angeschlossene Geräte wie Drucker nötig und regeln die Datenübertragung mit ihnen. Auch zum Brennen von DVDs, zum Überwachen und Optimieren der Festplatten oder zum Verwalten von Passwörtern sind Hilfsprogramme unverzichtbar. Ein Betriebssystem bringt meist einige davon mit, andere kann man kaufen oder kostenlos aus dem Internet herunterladen.

COMPUTERZUBEHÖR

Ein Computersystem besteht aus dem Rechner selbst und einigen Zusatzgeräten.

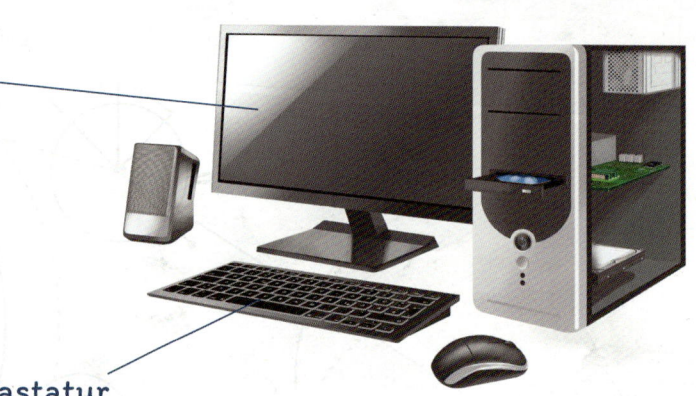

Der **Bildschirm (Monitor)** bildet den wichtigsten Kontakt zwischen Computer und Nutzer. Er zeigt die eingegebenen oder von außen empfangenen Daten und die dem Computer erteilten Arbeitsanweisungen und ihre Wirkung. Der Bildschirm enthält jeweils einige Millionen winziger Bildpunkte (Pixel). Der Computer kann jeden einzelnen elektronisch ansteuern und dessen Helligkeit sowie Farbe regeln, und zwar viele dutzend Mal pro Sekunde. Auf diese Weise kann er Buchstaben und Zahlen sowie farbige Bilder darstellen.

Tastatur

Sie dient zum Eingeben von Text und Ziffern. Jede Taste stellt einen winzigen elektrischen Schalter dar. Drückt man ihn, erkennt dies ein Computerchip in der Tastatur. Er schickt daraufhin ein codiertes Signal über ein Kabel oder drahtlos an den Computer. Der erkennt und verarbeitet es. Der ausgewählte Buchstabe erscheint auf dem Bildschirm.

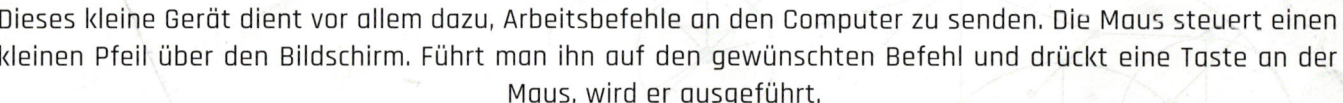

MAUS

Dieses kleine Gerät dient vor allem dazu, Arbeitsbefehle an den Computer zu senden. Die Maus steuert einen kleinen Pfeil über den Bildschirm. Führt man ihn auf den gewünschten Befehl und drückt eine Taste an der Maus, wird er ausgeführt.

Durch das **Kabel** oder per Funk fließen alle Daten von der Maus an den Computer.
Drückt man eine der **Maustasten**, schickt der Computerchip der Maus ein entsprechendes Signal an den Computer, was dort die einprogrammierten Reaktionen auslöst.

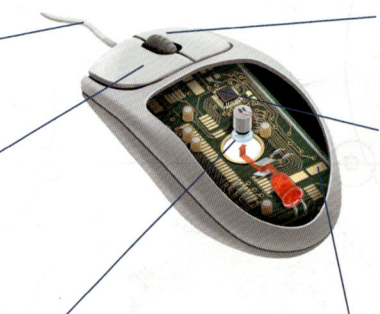

Mit dem **Scrollrad** kann man den Inhalt des Bildschirms nach oben oder unten schieben.
Ein **Computerchip** vergleicht jedes Kamerabild mit dem vorherigen. Aus dem Ergebnis errechnet er die Bewegungsrichtung und -geschwindigkeit der Maus.

Eine kleine **Kamera** nimmt ständig das Bild dieser Fläche auf.

Die **Leuchtdiode** beleuchtet die Fläche unter der Maus.

ELEKTRONISCHE POST (E-MAIL)

Der Austausch von E-Mails ist heute unverzichtbar und zählt zu den wichtigsten Aufgaben des Internets. Die dafür nötigen Hilfsprogramme sind auf jedem Computer, meist auch auf Smartphones, Tablets, Smart-Fernsehern und ähnlichen Geräten installiert.

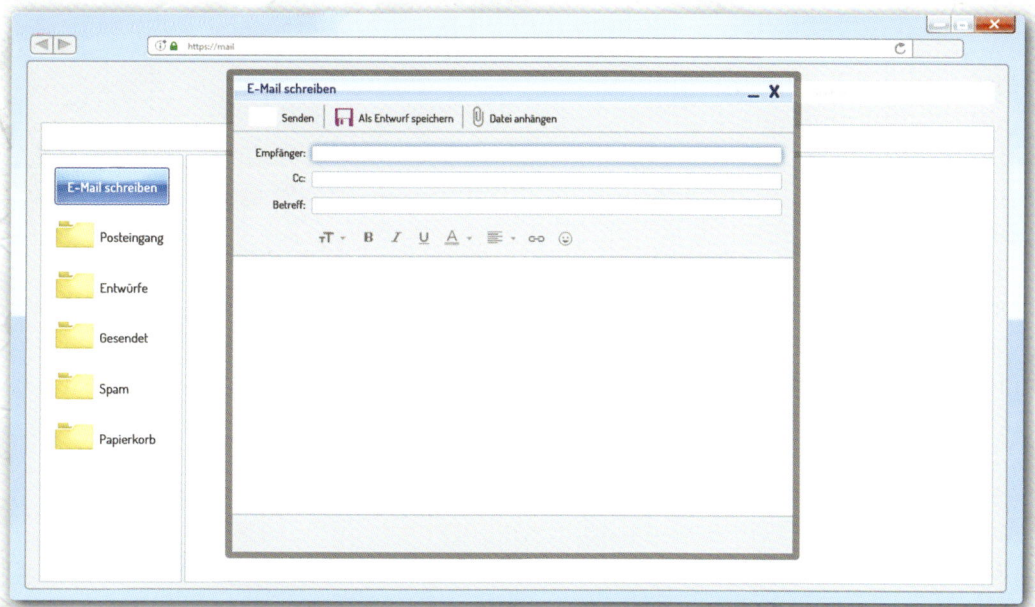

1. Die E-Mail wird in das E-Mail-Programm des Geräts eingegeben. Man kann an den eigentlichen Text auch Dokumente, Bilder, Töne oder andere Daten anhängen.

2. In die Adresszeile wird die E-Mail-Adresse des Empfängers eingetragen und auf „Senden" geklickt.

3. Die Daten werden in kleine Datenpakete zerlegt und von einem E-Mail-Versender auf die Reise durchs Internet geschickt.

4. Für jedes der Datenpakete sucht ein Router automatisch den besten und schnellsten Weg durchs Internet, notfalls um die ganze Erde.

5. Alle Datenpakete landen dann bei dem E-Mail-Server, mit dem der Empfänger verbunden ist. Sie werden dort wieder zur E-Mail zusammengesetzt und in einem elektronischen Briefkasten für empfangene Mails gespeichert.

6. Der Empfänger schaltet sein Gerät ein. Sein E-Mail-Programm stellt die Verbindung zum Empfangsbriefkasten her, fragt nach eingegangenen E-Mails und kopiert sie auf den Computer, sodass man sie lesen kann.

IM INTERNET

Das weltweite Internet verbindet Millionen von Computern und Smartgeräten (S. 122) in aller Welt. So kann man sich mit einer eigenen Website vorstellen, eigene Videos und Fotos veröffentlichen, mit anderen Nutzern E-Mails austauschen, in sozialen Netzen kommunizieren, sich per Videotelefonie unterhalten, Filme ansehen, Radio und Fernsehen empfangen, Waren bestellen und hat Zugang zu einer Unmenge von Informationen.

AUFBAU DES NETZES

Das Internet hat keine Zentrale. Man kann sich seinen Aufbau eher als viele nebeneinander ausgebreitete Fischernetze vorstellen, die jeweils mittels einiger Schnüre miteinander verbunden sind. Diese Netzteile besitzen jeweils eine Art Zentrum, einen Knotenpunkt. Diese Knotenpunkte sind weltweit durch Glasfaserleitungen miteinander verknüpft, die blitzschnell Unmengen von Daten in Form von Lichtsignalen transportieren können. Man nennt diese Struktur *Backbone* (englisch Rückgrat). Große, international arbeitende Firmen betreiben oft Netze, die über Internetverbindungen firmeneigene Computer weltweit verknüpfen. Ein solches Netz nennt man Intranet. Zugang zum Internet bieten Internetdienstleister. Sie betreiben eigene Unternetze, die mit dem *Backbone* verbunden sind. Gegen Bezahlung kann sich jeder an dieses Unternetz anschließen und hat so Zugang zum Internet. Die Verbindung zum Netz des Providers läuft über ein Zusatzgerät (Router), das an die Telefonleitung angeschlossen ist, oder auch drahtlos über öffentlich zugängliche WLAN-Netze. Die Kenndaten und Passwörter bekommt man bei der Anmeldung mitgeteilt. Jeder Computer hat eine eigene Identifikationsnummer (IP-Nummer), mit der er sich im Netz ausweisen kann. Nur so können angeforderte Daten oder E-Mails ihn erreichen.

BROWSER

Ein großer Teil der Informationen im Internet liegt auf Websites. Das sind Dokumente, die von Firmen, Verlagen, öffentlichen Einrichtungen wie Universitäten oder auch Privatleuten hergestellt und ins Netz gestellt werden. Um Websites besuchen zu können, braucht man ein spezielles, kostenloses Anwendungsprogramm, einen Browser. Er hat eine Adresszeile, in die man die Adresse (URL) der gewünschten Seite einträgt (z. B. www.kosmos.de). Der Browser lädt dann die Daten auf den eigenen Computer und stellt sie auf dem Bildschirm dar. Man nennt das „im Internet surfen". Meist kann der Browser beliebte Adressen als „Favoriten" speichern. Nameserver (DNS) machen den Zugang zu Websites leichter. Sie stellen eine Art Adressbuch dar, indem sie handliche Bezeichnungen und die dazugehörige komplizierte IP-Adresse des Rechners verknüpfen.

SUCHMASCHINEN

Diese Helfer durchsuchen die im Internet verstreuten Informationen. Eine bekannte Homepage kann man direkt über deren Adresse erreichen. Wenn man aber z. B. etwas über Dackel oder Julius Cäsar erfahren will, wählt man besser die Adresse einer Suchmaschine. Dort kann man die Suchwörter eingeben und bekommt dann Fundstellen aus dem Netz angezeigt. Die Informationen bekommen die Suchmaschinen, indem sie ständig automatisch alle erreichbaren Internetseiten nach Informationen durchsuchen und diese in gewaltigen Datensammlungen speichern.

WEBSERVER

Die Daten der Websites und Apps liegen auf speziellen Computern, sogenannten Servern, deren Datenspeicher man rund um die Uhr per Internet abrufen kann. Gegen Bezahlung kann sich jeder eine Web-Adresse (URL) ausdenken und beantragen, sofern sie noch nicht anderweitig vergeben ist. Dann mietet man sich einen kleinen Platz auf einem dieser Server und lagert dort die Daten der eigenen Website. Sie ist dann durch Eingeben der URL in einen Browser jedermann zugänglich. Der Browser fragt blitzschnell beim DNS nach, erfährt die zugehörige Zahlenkombination der Adresse und stellt damit die Verbindung her. Eine eigene Homepage zu erstellen, ist nicht schwer. Es gibt im Netz zahlreiche Vorlagen, die man mit eigenen Fotos und Texten ausstatten kann. Ist sie fertig, überträgt man sie mit einem kleinen Hilfsprogramm auf den Server.

INTERNETRADIO UND INTERNET-FERNSEHEN

Manche Homepages stellen laufende Radio- oder Fernsehprogramme ins Internet. Man nennt das Streaming. Man kann sie mit dem Computer empfangen, es gibt aber auch Internetradios und Smart-Fernseher mit Internetanschluss zum Empfang solcher Programme. Viele Fernsehsender stellen auch bereits ausgestrahlte Sendungen auf ihre Homepage, meist unter der Rubrik „Mediathek". So kann man sie dann auch noch sehen, wenn man die Erstausstrahlung verpasst hat.

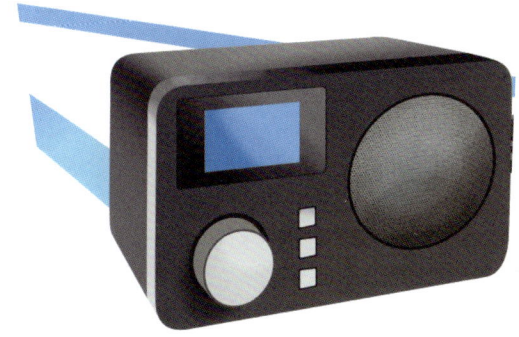

DRUCKEN UND SCANNEN

TINTENSTRAHLDRUCKER

Dies ist der am häufigsten genutzte Druckertyp im Heimbereich. Er erzeugt aus den vom Computer übermittelten Daten Texte und Bilder aus winzigen farbigen oder schwarzen Tintentröpfchen, die der Druckkopf aufs Papier spritzt. Die Patronen, Vorratsbehälter für Tinte, enthalten schwarze Tinte für Texte sowie rote (Magenta), hellblaue (Cyan) und gelbe für Farbdruck. Durch Kombination dieser drei „Grundfarben" lassen sich alle anderen Farbtöne zusammenmischen – ähnlich wie man es mit Tuschfarben macht.

LASERDRUCKER

Dieser Druckertyp erzeugt das Druckbild mithilfe einer rotierenden Bildtrommel. Sie wird zunächst mit hoher elektrischer Spannung elektrisch aufgeladen. Dann führt die Steuerelektronik einen feinen Laserstrahl über die Trommel, der an den Stellen, an denen später Schrift oder Bild stehen soll, die elektrische Ladung löscht. Beim Weiterdrehen passiert die Trommel einen Vorratsbehälter für fein gepuderten schwarzen Toner. Er haftet nur an den vom Laser getroffenen Punkten und überträgt sich beim Weiterdrehen der Trommel aufs Papier. Bei Farb-Laserdruckern durchläuft das Papier nacheinander vier Druckwerke, die jeweils eine Farbe bzw. Schwarz auftragen.

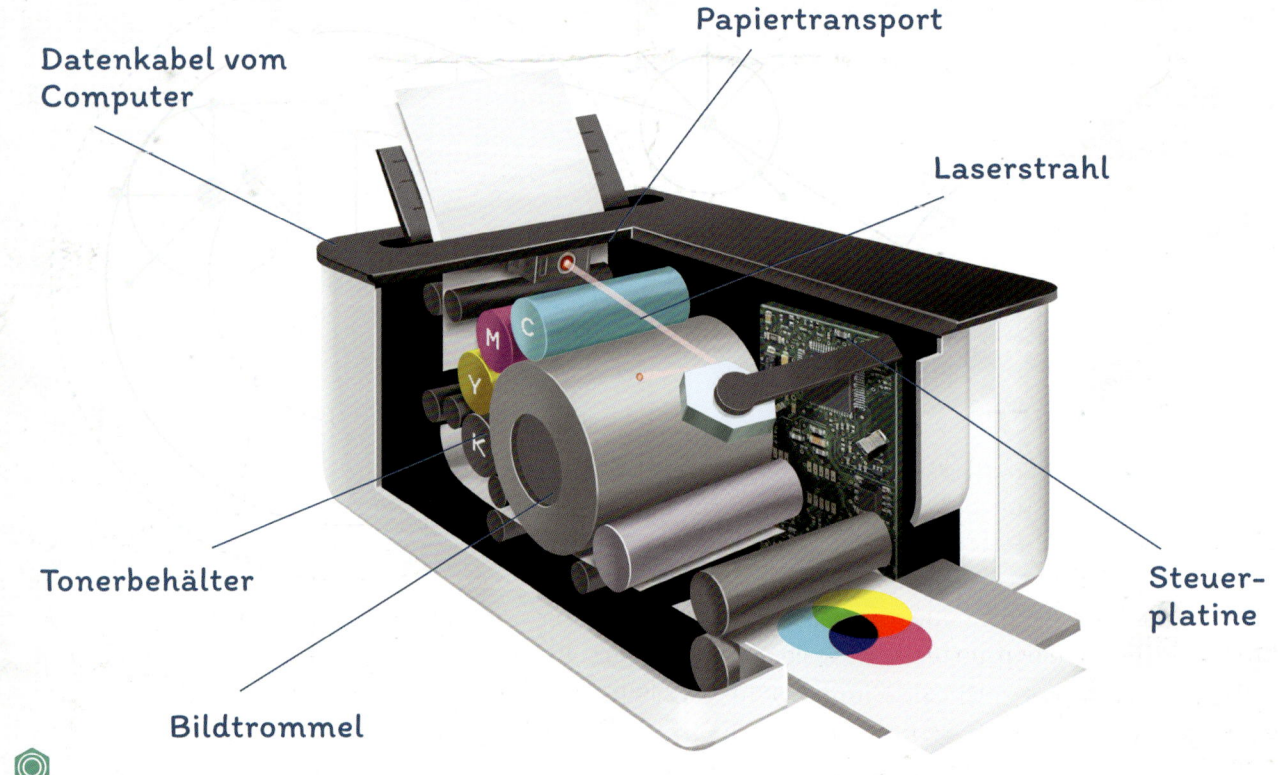

Papiertransport

Datenkabel vom Computer

Laserstrahl

Tonerbehälter

Steuerplatine

Bildtrommel

3D-DRUCKER

Mit solchen Geräten kann man dreidimensionale Gegenstände aus Kunststoff oder anderen Werkstoffen herstellen. Das können kleine Ersatzteile sein, Modelle für geplante Projekte, medizinische Produkte oder sogar Raketentriebwerke. Einfache 3D-Drucker gibt es schon für Heimanwender, für größere und belastbare Gegenstände aber braucht man professionelle Geräte. Gesteuert werden die Drucker von einem Computer. Mittlerweile gibt es 3D-Drucker von mehreren Metern Höhe, die ganze Häuser aus rasch trocknenden Baustoffen erstellen können. Selbst Lebensmittel oder Ersatzorgane könnten in Zukunft aus 3D-Druckern kommen.

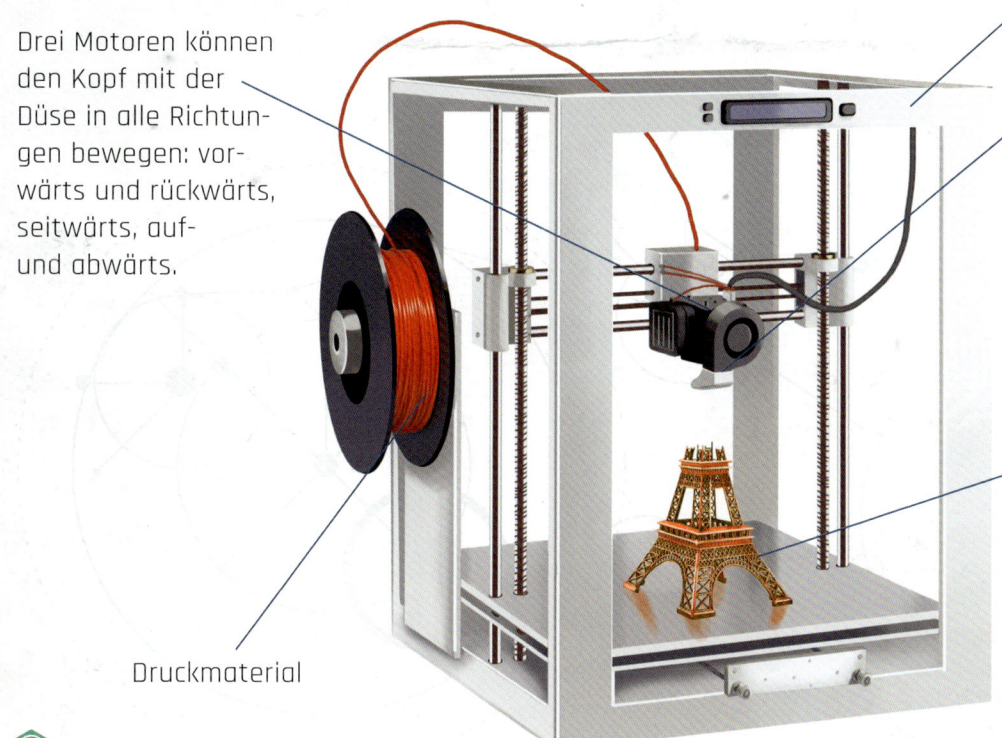

Drei Motoren können den Kopf mit der Düse in alle Richtungen bewegen: vorwärts und rückwärts, seitwärts, auf- und abwärts.

Druckmaterial

Die Daten werden an den Drucker geschickt.

Der Drucker enthält eine kleine Düse, aus der Material austritt. Das kann je nach Modell Pulver, verflüssigter Kunststoff, Metall, Keramik oder eine Materialmischung sein.

Der Computer steuert die Motoren so, dass durch Aufeinanderschichten zahlloser Materialtröpfchen nach und nach der gewünschte Gegenstand entsteht.

FLACHBETTSCANNER

Diese Geräte helfen, Bilder oder Texte von Papier in den Computer zu übertragen. Die Vorlage wird dabei jeweils zeilenweise abgetastet, Farbe und Helligkeit jedes Bildpunkts werden codiert und die Daten an den Computer geschickt. Dieses Codieren übernimmt der Lichtsensor. Er besteht aus einer langen Zeile winziger lichtempfindlicher Bauelemente. Jedes enthält einen Sensor für die Farbe Rot, einen für Grün und einen für Blau. Die Sensoren messen jeweils die Helligkeit des abgetasteten Bildpunkts und errechnen daraus einen Zahlenwert, den sie an die Scanner-Elektronik melden. Je feiner das Bild aufgelöst sein soll, desto langsamer bewegt sich der Scankopf. Es gibt auch andere Arten: Einzugsscanner ziehen jeweils ein Papierblatt durch. Diascanner haben besondere Halterungen für Dias sowie eine Lichtquelle, die durchs Dia strahlt. Handscanner führt man über die zu scannenden Teile eines Buchs.

TRAGBARE GERÄTE

Große Computer bleiben meist auf dem Schreibtisch stehen. Es gibt aber auch zahlreiche nützliche elektronische Geräte, die man jederzeit bei sich haben kann.

NOTEBOOK

So nennt man kleine, tragbare Computer, die auf besonders niedriges Gewicht und Stabilität ausgelegt sind, aber ansonsten wie große PCs arbeiten. Zur Stromversorgung dient eine eingebaute aufladbare Batterie oder ein mitgeliefertes externes Netzteil. Zum Steuern ist meist eine berührungsempfindliche Fläche (Touchpad) vorhanden oder der Bildschirm selbst ist berührungsempfindlich. Das bedeutet: Man kann mit dem Finger den Cursor bewegen und so Befehle an den Computer geben.

BERÜHRUNGSEMPFINDLICHER BILDSCHIRM (TOUCHSCREEN)

Solche Bildschirme enthalten eine Glasplatte, die auf beiden Seiten feine Streifen aus einem durchsichtigen, elektrisch leitfähigen Material trägt. Die Streifen bilden ein Netz aus Gitterpunkten. Berührt die Fingerkuppe den Bildschirm, verändert sie die elektrischen Bedingungen an diesen Gitterpunkten und damit den Stromfluss in den entsprechenden Streifen. Ein Computerchip misst mehrfach pro Sekunde den Stromfluss, errechnet Position und Bewegung des Fingers und gibt diese Daten an den Rechner selbst weiter.

TABLET-COMPUTER

Diese flachen Computer sind besonders handlich. Sie enthalten eine aufladbare Batterie und Einrichtungen für drahtlose Datenübertragung, etwa über WLAN und Bluetooth. Sie werden über ihre berührungsempfindlichen Bildschirme gesteuert und dienen vor allem zum Surfen im Internet, zum Hören von Musik, zum Anschauen von Videos, für E-Mails und Videotelefonate und zum Lesen elektronischer Bücher. Sie arbeiten mit anderen Betriebssystemen als PCs, es gibt aber ebenfalls eine Fülle von Anwendungsprogrammen: Apps.

WLAN und Bluetooth

Beide bilden Funknetze zur drahtlosen Datenübertragung. WLAN wird meist verwendet, um tragbare Computer mit dem Internet zu verbinden und hat Reichweiten von normalerweise einigen dutzend Metern im Freien. Bluetooth dagegen dient zum Verbinden von Geräten über kurze Entfernungen. Zur Sicherheit wird bei beiden Verfahren die Verbindung mit Passwörtern verschlüsselt.

E-BOOK-READER

Mit diesen handlichen Geräten kann man tausende von Büchern immer dabeihaben. Sie sind nicht auf Papier gedruckt, sondern stecken als Computerdatei im Gerät. Jederzeit kann man drahtlos weitere Bücher kaufen und sie blitzschnell aufs Gerät kopieren lassen. Dank „elektronischer Tinte" stellen sie Inhalte in hoher Qualität dar, die gedruckten Buchseiten entspricht. Gesteuert werden E-Reader über den berührungsempfindlichen Bildschirm. Da er nicht leuchtet, ist er extrem sparsam mit Strom. So hält der eingebaute Akku meist einige Wochen lang.

Elektronisches Papier

Elektronisches Papier enthält winzige schwarze und weiße Teilchen, die unterschiedliche elektrische Ladungen tragen und in einem dünnen Öl schwimmen. Jeder Bildpunkt ist dank durchsichtiger elektrischer Verbindungen einzeln ansteuerbar. Die Steuerung besorgt ein Mikroprozessor, der die Daten der Buchdatei verarbeitet. Wo Buchstaben erscheinen sollen, wird kurz eine elektrische Spannung erzeugt. Sie übt eine Kraft auf die elektrisch geladenen schwarzen Teilchen aus und bringt sie so nach oben. Danach bleiben sie (notfalls wochenlang) ohne Stromfluss in dieser Position, bis man die Seite umblättert.

QUARZUHR

Zum Messen der Zeit muss man sie in möglichst exakt gleich lange Abschnitte unterteilen, die man dann einfach zählt. Früher dienten dafür etwa gleichmäßig schwingende Pendel. In der Quarzuhr dagegen schwingt ein winziger Kristall aus dem Mineral Quarz.

Die **Batterie** liefert den Strom für die Elektronik der Uhr.

Eine **Digital-Quarzuhr** hat keine Zeiger, sondern zeigt die Zeit als Ziffern an.

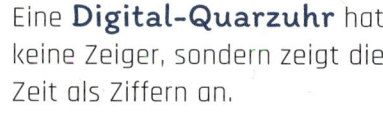

Der **Quarzkristall** ist in einen elektrischen Schwingkreis eingesetzt, der 32 768 Strompulse pro Sekunde erzeugt. Der Quarzkristall hält diese Schwingungszahl auch bei Temperaturänderungen konstant.

Der **Teilerchip** teilt die Schwingungszahl in 15 Schritten jeweils durch zwei (also auf 16 384, 8 192 ... 4, 2, 1). Er liefert also genau einen Impuls pro Sekunde. Die Impulse treiben einen winzigen Schrittmotor, der ein Zahnrad bei jedem Impuls um einen Zahn weiterdreht. Die Drehung des Zahnrads wird über weitere Zahnräder auf die Zeiger übertragen.

SMARTWATCH

Dieser kleine Computer wird am Handgelenk getragen. Im Innern verbergen sich ein leistungsfähiger Computerchip mit Speichern, eine winzige Batterie, Einrichtungen zur drahtlosen Datenübermittlung und Bedienungselemente. Je nach Wunsch kann das Gerät eine Fülle von Informationen anzeigen, die es teils von einem drahtlos verbundenen Smartphone übernimmt. Dazu zählen die Uhrzeit, die Wettervorhersage, eingegangene E-Mails und die Zahl der bereits zurückgelegten Schritte. Manche Smartwatches können auch Musik wiedergeben, als drahtloses Telefon oder Navigationshilfe funktionieren oder etwa die Kamera im Smartphone fernsteuern.

SMARTPHONE

Diese kleinen Mobiltelefone sind mit einem sehr guten Bildschirm, WLAN, Bluetooth, Kameras und GPS-Empfänger ausgestattet. Man kann sie je nach Wunsch mit Anwendungsprogrammen (Apps) für unzählige Zwecke ergänzen: etwa mit Terminkalender und Adressbuch, Apps für die Musikwiedergabe, zur Navigation, für Videotelefonate oder zum Spielen. Außerdem kann man damit Fotos und Videos aufnehmen und wiedergeben. Viele Modelle können per Sprachbefehl gesteuert werden und sogar Sprachen übersetzen.

GERÄUSCHREDUZIERENDER KOPFHÖRER

Sie eignen sich besonders für die Nutzung in lauten Umgebungen, etwa in Fabrikhallen oder Flugzeugen. Normale Kopfhörer dämpfen Umgebungsgeräusche nur mit Polstern, die aber bei tiefen Tönen wie Motorlärm nicht gut funktionieren. Geräuschreduzierende Geräte nutzen die Tatsache, dass Schall aus Wellen besteht. Sie nehmen den Umgebungsschall mit Mikrofonen auf und spielen ihn verändert in die Hörmuschel, um die Schallwellen aufzuheben. Ein von außen eindringender Wellenberg trifft auf ein vom Mikrofon geliefertes Wellental, sodass sich die Schwingungen ausgleichen.

ERWEITERTE REALITÄT (AUGMENTED REALITY)

Darunter versteht man das Einblenden von Informationen per Computer, etwa auf eine Datenbrille oder aufs Smartphone. So kann z. B. ein Monteur eine Brille tragen, die ihm die jeweils nötigen Handgriffe einspielt und dabei auch berücksichtigt, wohin er gerade schaut. Beim Besuch von römischen Ruinen kann man auch das Smartphone auf einen Tempelrest richten und die App öffnen. Dank Kamera und GPS erkennt das Smartphone den Ort und den Anblick und zeigt auf dem Bildschirm, wie das Gebäude zur Römerzeit aussah.

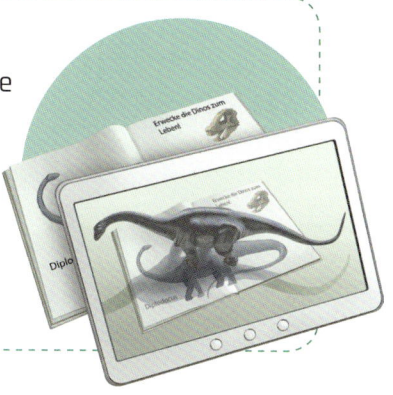

SMARTGLASSES

So nennt man Brillen, die dem Träger Computer-Informationen anzeigen. Die Daten stammen meist von einem Smartphone, werden drahtlos aufs Brillenglas übertragen, dass sie zwar gut lesbar sind, aber die Sicht auf die Umgebung nicht stören. Durch Lidschlag oder andere Tricks kann der Träger mit der Brille auch Befehle ans Smartphone senden. Die Entwicklung solcher Geräte ist aber noch in vollem Gang.

VIRTUELLE REALITÄT (VIRTUAL REALITY)

Schaut man im Kino einen Film, weiß man, dass man das Geschehen nicht real erlebt. Anders ist es bei der virtuellen Realität (VR). Man braucht dazu außer dem Computer eine Spezialbrille sowie einen Kopfhörer und manchmal weitere Ausrüstung. Die VR-Geräte tragen Sensoren, die Bewegungen spüren und an den Computer melden. Gute VR-Programme können dann tatsächliches Erleben wirklichkeitsnah vorgaukeln. Sie zeigen die Umgebung räumlich, reagieren auf Kopf- und Körperbewegungen (sogar Gehen) durch entsprechende Veränderung des gezeigten Bilds und spielen auch Geräusche so ein, wie man sie in Wirklichkeit hören und orten würde. Verwendet wird die Technik für Spiele und Filmdarbietungen, aber auch beim Trainieren von Spezialaufgaben. In Zukunft könnte man in der virtuelle Welt aber z. B. sogar durch längst versunkene Städte wandeln, einen Ameisenhaufen erforschen oder auf dem Mars spazieren gehen.

DRAHTLOS MIT DER WELT VERBUNDEN

Wer will, kann heute an jedem Ort der Erde und zu jeder Zeit erreichbar sein, Nachrichten empfangen oder senden und seine genaue Position feststellen. Möglich machen das die Funktechnik und erdumkreisende Satelliten.

TELEFONIEREN PER MOBILTELEFON UND SMARTPHONE

So klein die modernen Mobiltelefone sind – sie haben ein erstaunlich komplexes Innenleben. Dazu zählt weniger der Funksende- und Empfangsteil als der Computerchip. Er verschlüsselt die Sprache und teilt sie in Datenpakete. Außerdem muss er Kontakt zur nächsten Mobilfunkstation aufnehmen, sich identifizieren und den Verbindungsaufbau einleiten. Das ist besonders kompliziert, wenn das Mobiltelefon etwa im Auto mitfährt und das Gespräch immer wieder an eine andere Funkzelle geleitet werden muss.

MOBILFUNKNETZ

Diese Netze ermöglichen, dass sich zwei voneinander entfernte Menschen per Mobiltelefon unterhalten oder über mobiles Internet Daten verschicken können. Die Netzbetreiber teilen bei Vertragsabschluss ihren Kunden jeweils eine Telefonnummer zu und schicken ihnen die zum Telefonieren nötige SIM-Karte.

AUFBAU EINES GESPRÄCHS

1. Der Anrufer wählt eine Nummer und drückt auf die Ruftaste.

2. Das Telefon nimmt Funkkontakt mit der gerade am besten zu empfangenden Funkzelle auf, weist sich aus und sendet die anzurufende Nummer.

3. Die Funkzelle meldet diese Nummer an die Datenbank des Netzbetreibers. Diese enthält die Rufnummern aller empfangsbereiten Handys und die Kennnummer der Funkzelle, in deren Bereich das angerufene Telefon gerade ist.

4. Die Funkzelle beim Angerufenen funkt das Handy an und informiert es über den Anruf und den Anrufer.

5. Das Handy klingelt. Sobald der Angerufene das Gespräch annimmt, wird die Sprechverbindung hergestellt.

Ein Mobilfunknetz besteht aus zahlreichen **Funkzellen**. Auf dem Land sind sie größer, in der Stadt kleiner. Jede besitzt eine hochgelegene Antenne und eine automatisch arbeitende **Sende und Empfangsstation.** Die Funkzellen sind meist per Kabel, manchmal auch mittels Funk, mit einer **Zentrale** verbunden.

BLICK INS SMARTPHONE

Mit der **Kamera** kann man Fotos und Videos aufnehmen oder Videotelefonate führen. Die aufgenommenen Daten werden über den Mikrochip im internen Speicher oder auf einer SD-Karte (S. 112) abgelegt.

Der **Lautsprecher** macht den Gesprächspartner hörbar. Mit einem elektronisch erzeugten **Klingelton** kündigt das Gerät einen Anruf an. Viele Handys bieten je nach Anrufer unterschiedliche Klingeltöne – etwa von einem Familienmitglied oder vom Chef.

Das **Funkteil** sendet und empfängt Radiowellen, die Steuersignale und Gespräche übertragen. Die Antenne überträgt die Funksignale.

Ein weiterentwickelter **Mikrocontroller** ist das Gehirn des Geräts. Er steuert alle Abläufe und wird *System-on-a-chip* genannt.

Will man mit dem Klingelton nicht stören, kann man das Gerät auf **Vibration** umschalten. Dann hört man den Anruf nicht, spürt ihn aber.

Die **SIM-Karte** ist sozusagen der Ausweis des Telefonbenutzers. Sie speichert die Telefonnummer, unter der das Gerät zu erreichen ist, sowie Codeschlüssel, mit denen es sich beim Gesprächsaufbau ausweist. Außerdem enthält sie die vierstellige PIN-Nummer, mit der man das Telefon zur Benutzung aufsperrt. Sie soll verhindern, dass jemand ein gestohlenes Telefon benutzt.

Funktionstasten zum Ein- und Ausschalten

Der berührungsempfindliche **Bildschirm** zeigt Apps, Geräteeinstellungen und Anrufinformationen an. Durch Wischen oder Tippen auf dem Touchscreen kann man Funktionen auswählen.

Der **Akku** versorgt das Gerät mit Strom. Mit dem **Ladegerät** kann man den Akku wieder aufladen.

Das **Mikrofon** wandelt die Sprache in elektrische Schwingungen um.

Mit der angezeigten **Tastatur** gibt man die Rufnummer ein.

COMPUTER IM EINSATZ

Unser Alltag wird von Computern begleitet, aber längst nicht alle stehen in Büros oder privaten Häusern. Viele sind Teil riesiger grenzübergreifender Rechnernetzwerke.

CHIPKARTE

Zum Geldabheben oder elektronischen Bezahlen braucht man eine Chipkarte, die man von seiner Bank bekommt. Sie enthält einen Magnetstreifen und einen winzigen Computerchip, die wichtige Daten verschlüsselt enthalten. Jeder Karte ist zudem eine Persönliche Identifikationsnummer (PIN) zugeordnet, die beim Erhalt der Karte mitgeteilt wird.

GELDAUTOMAT

An diesen Geräten kann man rund um die Uhr Bargeld bekommen. Allerdings nur, wenn man eine gültige Chipkarte seiner Bank besitzt und noch genügend Geld auf dem Konto hat. Das massive Gehäuse soll die vorrätigen Geldscheine vor Diebstahl schützen.

Der **Bildschirm** zeigt Daten und nimmt, meist über Tasten am Rand, Anweisungen entgegen. So kann man z. B. den gewünschten Auszahlungsbetrag wählen.

Aus dem **Geldausgabefach** schieben kleine Gummiwalzen die Geldscheine heraus.

Das **Tastenfeld** dient zur Eingabe und Prüfung der PIN. Diese Geheimnummer dient dem Schutz: Ein Dieb könnte zwar die Karte stehlen, kennt dann aber nicht die PIN. Wird die Nummer mehrmals falsch eingegeben, zieht der Automat die Karte ein.

Der **Computer** steuert alle Aktivitäten des Geldautomaten und speichert auch alle Daten und Vorgänge.

Datenleitung zum Computersystem im Kontrollzentrum. Das **Kontrollzentrum** prüft, ob die Chipkarte als gestohlen gemeldet wurde, denn dann wird sie eingezogen. Außerdem fragt es beim Computersystem der Bank des Kunden nach, ob er genug Geld auf dem Konto hat. Ist alles in Ordnung, gibt es dem Geldautomaten ein Freigabesignal und lässt den Betrag vom Konto des Kunden abbuchen.

In den **Kartenleser** muss man die Chipkarte einführen.

Die Geldscheine werden nach Wert geordnet in **Schubfächern** aufbewahrt.

BARGELDLOS ZAHLEN

Mit Chipkarte oder Kreditkarte kann man auch zahlen, ohne Bargeld bei sich zu haben. Durch RFID-Chips (S. 128) geht das heute auch kontaktlos.

1. Der Kassierer tippt den entsprechenden Betrag in ein Kartenlesegerät ein und der Kunde schiebt seine Karte hinein.

2. Das Gerät liest die Kartendaten ab und holt sich per Datenleitung beim Computersystem der Bank die Freigabe des entsprechenden Betrags.

3. Ist die Freigabe eingetroffen, bestätigt das Gerät die Zahlung, druckt eine Quittung aus und veranlasst, dass der Betrag vom Konto abgebucht wird.

SCANNERKASSE

Heute muss kaum noch eine Kassierperson im Laden oder Supermarkt alle Preise eintippen. Diese Arbeit – und noch viele weitere – übernehmen Scannerkassen und ein daran angeschlossenes Computersystem.

Auf der **Anzeige** werden Art der Ware und Preis angezeigt. Die Informationen stammen vom Computersystem.

Jede Ware ist mit einem **Strichcode** versehen. Er besteht aus einer bestimmten Folge dicker und dünner Striche und codiert eine Kennnummer, unter der die Ware im Computer verzeichnet ist.

Die **Geldschublade** wird gebraucht, wenn ein Kunde bar bezahlt.

Im Computer arbeitet ein **Warenwirtschaftssystem**. Es erfasst Art und Menge aller bestellten, gelieferten und vorrätigen Waren und steuert die Kassen.

Mit der **Tastatur** kann die Kassierperson die Anzahl einer Ware oder deren Kennnummer eingeben, wenn der Strichcode verloren gegangen ist.

Manche Kassen sind mit einem **Handscanner** ausgestattet. Mit ihm kann man die Strichcodes großer Waren ablesen.

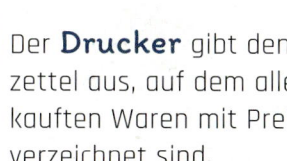

Die **Scannerkasse** besitzt eine Glasscheibe zum Auflegen der Ware. Darunter sind ein Laser und ein lichtempfindlicher Sensor eingebaut. Der rote Laserlichtstrahl wird blitzschnell hin und her geführt und der Sensor untersucht das reflektierte Licht. Entdeckt er einen Strichcode, liest er ihn ab und meldet die codierte Zahl ans Computersystem. Ein Tongeber meldet durch einen Piepton, dass der Scanner den Strichcode richtig erkannt hat.

Der **Kartenleser** ermöglicht die bargeldlose Zahlung mit einer Chipkarte.

Der **Drucker** gibt den Kassenzettel aus, auf dem alle gekauften Waren mit Preisen verzeichnet sind.

DRAHTLOS VERBUNDEN

Funk und elektromagnetische Wellen übertragen Daten, ohne dass wir es im ersten Moment merken. Dennoch können wir so mit einem Chip Türen öffnen oder unsere Reiseroute planen.

RFID

Ein RFID-System besteht aus sogenannten Transpondern und passenden Lesegeräten dafür. *Radio-frequency identification* ist Englisch und heißt Identifizierung mithilfe elektromagnetischer Wellen. RFID-Systeme werden zu vielen Zwecken verwendet. Textilien und andere teure Produkte werden damit gegen Diebstahl gesichert. Will man ohne zu bezahlen damit aus dem Laden, schlägt ein am Ausgang installiertes Lesegerät Alarm. Ebenso sichern manche Bibliotheken ihre Bücher mit RFID-Chips gegen Diebstahl oder RFID kann als Schlüsselsystem genutzt werden.

Das **Lesegerät** strahlt Funkwellen einer bestimmten Wellenlänge aus. Der Transponder empfängt sie und funkt die Codenummer zurück, die auf dem Chip gespeichert ist.

Der **Transponder** enthält eine winzige Funkantenne und einen Computerchip. Eine Batterie braucht er dafür nicht.

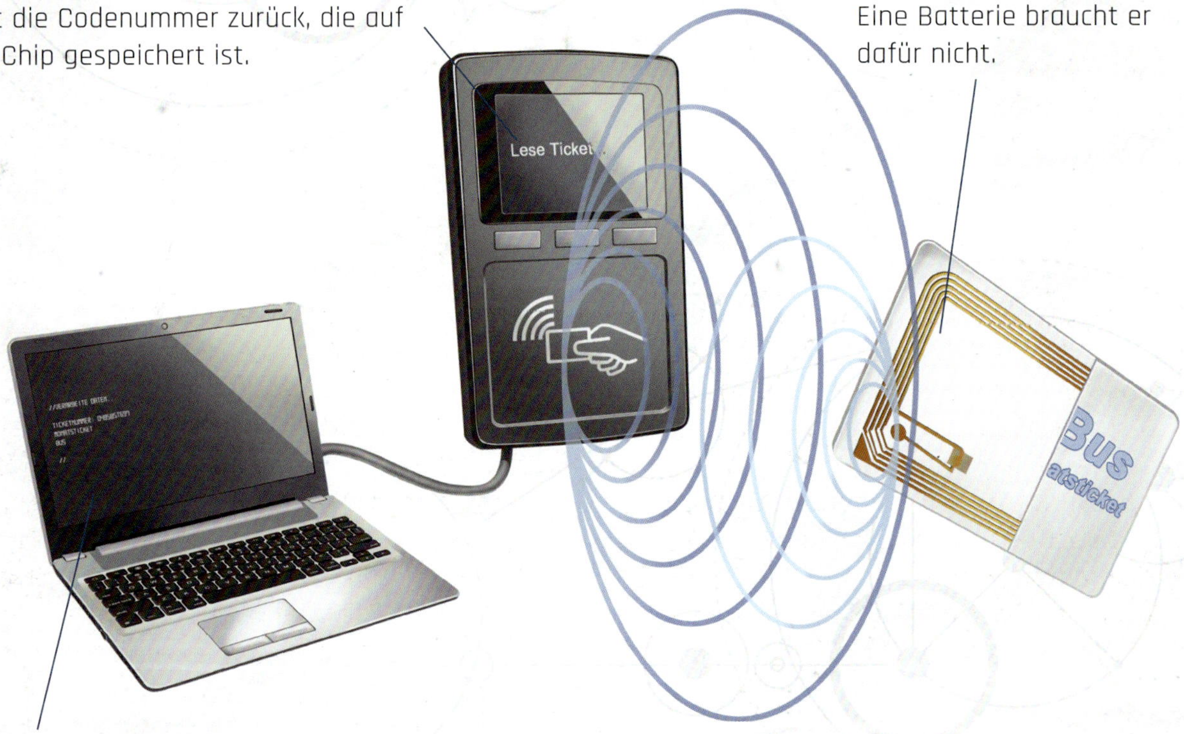

Ein **Computersystem** im Lesegerät wertet diese Codenummer aus und reagiert je nach Anwendungszweck.

GPS

Navigationsgeräte im Auto, Flugzeug oder Schiff können den jeweiligen Standort auf wenige Meter genau bestimmen – sogar die Höhe über dem Meeresspiegel. Möglich macht das ein System namens GPS. Es besteht aus erdumkreisenden Satelliten, deren Signale die Navigationsgeräte empfangen und auswerten.

Zu jeder Zeit stehen am Aufenthaltsort des Schiffs mehrere der etwa 30 **GPS-Satelliten** über dem Horizont. An Bord haben sie außer Funksendern und Antennen eine sehr genaue **Atomuhr**.

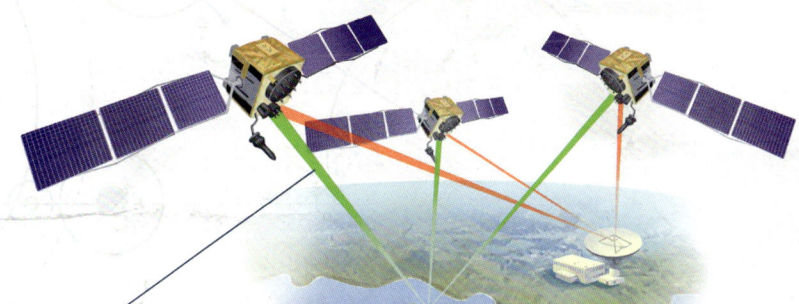

Jeder Satellit strahlt in kurzen Abständen **Funksignale** aus, die codiert seine Position auf der Erdumlaufbahn sowie die exakte Zeit enthalten.

Das **Navigationsgerät** nimmt die Funksignale dieser Satelliten auf. Ein **Computerchip** im Navi errechnet aus der Zeit und der Position der Satelliten und anhand der Ausbreitungsgeschwindigkeit der Funkwellen die genaue Entfernung zu jedem der empfangenen Satelliten. Aus diesen Entfernungswerten kann er durch eine komplizierte Berechnung die exakte Position auf wenige Meter genau bestimmen.

WETTERVORHERSAGE

Heute kann man das Wetter der nächsten Tage recht zuverlässig voraussagen. Aber dahinter steckt eine gewaltige Organisation. Über die ganze Erde sind vollautomatisch arbeitende Stationen verteilt, die das jeweilige Wetter erfassen: Windrichtung und -stärke, Temperatur, Bewölkung und Niederschlag. Auch Schiffe, Flugzeuge, Messbojen und Wettersatelliten senden Mengen an Wetterdaten. Sie laufen in großen Wetterzentren zusammen und werden dort mithilfe extrem leistungsfähiger und schneller Großcomputer ausgewertet. Diese errechnen ein sehr genaues Bild des Zustands der Atmosphäre. Wetterforscher erstellen daraus eine Vorhersage. Dieser Wetterbericht wird dann per Internet, Fernsehen, Zeitung und über Funk für Schifffahrt und Flugverkehr verbreitet.

DIGITALRADIO

Immer mehr Radiosender im Lang-, Mittel- und Kurzwellenbereich verstummen. Sie werden ersetzt durch Digitalradiosender, die eine größere Zahl von Programmen und bessere Empfangsqualität bieten. Man braucht aber auch neue Empfangsgeräte dafür. Die Sender wandeln Sprache und Musik in Zahlenfolgen (S. 30) um und zerlegen diese wiederum in eine Vielzahl von Datenpaketen. Weitere Datenpakete enthalten den Namen des Senders, des Programms, den Titel der Sendung oder der gerade gespielten Musik sowie Zusatzinformationen wie Verkehrsmeldungen oder Nachrichten. Der Sender strahlt all diese Daten aus und das Digitalradio empfängt sie.

MIKROSKOP UND TELESKOP

Diesen komplexen Forschungsgeräten verdanken wir unser Wissen über die nicht sichtbare Welt und das Universum.

BLICK IN DIE MIKROWELT

Mit Mikroskopen erforscht man etwa den Feinbau von Lebewesen, Bakterien und anderen Krankheitserregern.

LICHTMIKROSKOP

Durchs **Okular** blickt man ins Mikroskop. Zudem vergrößert es das vom Objektiv erzeugte Bild. Ein **Binokulareinblick** erlaubt Beobachtungen mit beiden Augen.

Das **Objektiv** erzeugt das vergrößerte Bild. Letztlich bestimmt die Qualität der Objektive, wie gut das Gerät ist.

Der **Kondensor** konzentriert das Licht auf das Präparat und sorgt so für eine gute Bildqualität.

Mit dem **Grobtrieb** stellt man den Arbeitsabstand (die Entfernung zwischen Objektivlinse und Präparat) auf den ungefähr richtigen Wert ein.

Auf dem **Fuß** ruht das Gerät.

Der **Feintrieb** dient zum Scharfstellen des Bilds. Er verändert die Einstellung des Arbeitsabstands nur um winzige Abstände.

Der **Tubus** führt den Lichtstrahl vom Objektiv zum Okular.

Mit der **Kamera** kann man Gesehenes festhalten und im Computer speichern.

Das **Prisma** spaltet den Lichtstrahl auf und verteilt ihn auf beide Okulare.

Der massive **Tubusträger** stellt sicher, dass das Gerät wackelfrei ist.

Der **Objektivrevolver** erlaubt es, rasch die Objektive zu wechseln, um das Präparat mit verschiedenen Vergrößerungen zu untersuchen.

Der **Objekttisch** trägt das Präparat.

Die **Beleuchtungseinrichtung** sorgt für genügend helles Licht, angepasst an die Vergrößerung, denn die Objektive und manche Präparate schlucken viel Licht.

DURCHSTRAHLUNGSMIKROSKOP (TEM)

Beim TEM führt man den Elektronenstrahl zeilenweise übers Präparat. Darunter liegt ein Leuchtschirm. Er leuchtet je nach Menge der auftreffenden Elektronen mehr oder weniger hell und zeigt so das vergrößerte Bild. Es wird dann fotografiert oder digital abgetastet.

RASTERELEKTRONENMIKROSKOP (REM)

Beim REM lässt man die Elektronen ebenfalls aufs Präparat auftreffen, misst aber mit einem Detektor die Menge der jeweils zurückgestreuten Elektronen. Man schaut dabei sozusagen von oben aufs Präparat, bekommt aber faszinierende 3D-Bilder davon.

RASTERTUNNELMIKROSKOP

Mit diesem Spezialgerät kann man z. B. eine elektrisch leitfähige Oberfläche abtasten und einzelne Atome sichtbar machen. Es enthält eine extrem spitze Nadel, die mit höchster Präzision zeilenweise in sehr geringem Abstand über die Oberfläche geführt wird. Zwischen Nadel und Oberfläche fließt ein elektrischer Strom, dessen Stärke vom Abstand abhängt. Die jeweilige Stromstärke wird umgerechnet in die Helligkeit eines Bildpunkts. So entsteht nach und nach auf einem Bildschirm ein Abbild der Oberflächenstruktur.

Präparat nennt man den untersuchten Gegenstand. Er muss für die Untersuchung meist vorbereitet (präpariert) werden – z. B. eingefärbt, damit man einzelne Bestandteile besser erkennen kann.

Der Objektträger ist eine kleine Glasplatte, auf die man das Präparat legt.

Das Deckglas wird vorsichtig über das Präparat gelegt und schützt es.

ELEKTRONENMIKROSKOP

Lichtmikroskope erlauben bis zweitausendfache Vergrößerungen. Das reicht vielfach nicht aus, lässt sich mit Licht aber nur begrenzt steigern. Mikroskope mit Elektronen, winzigen, elektrisch geladenen Teilchen, erlauben dagegen millionenfache Vergrößerungen.

Die Elektronen werden von einem heißen Glühdraht ausgesandt und von stromdurchflossenen Drahtspulen (Elektronenlinsen) zu einem haarfeinen Elektronenstrahl gebündelt. Elektronen werden von Luft gebremst, deshalb muss das gesamte Gerät luftleer gepumpt sein.

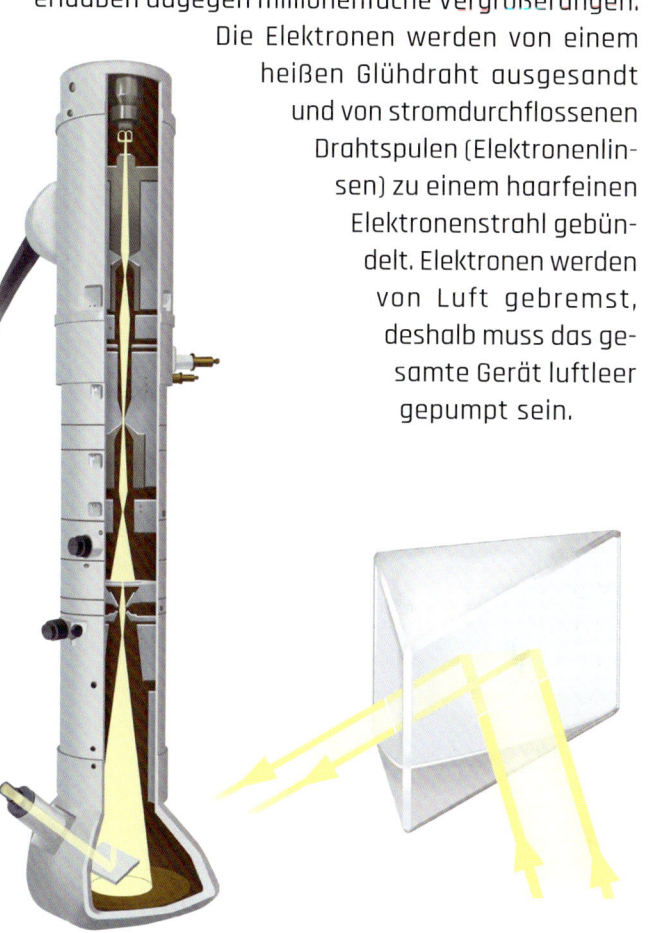

STEREOMIKROSKOP

Solche Geräte haben zwei Objektive und zwei Okulare und liefern dadurch ein räumliches Bild des Untersuchungsobjekts, aber nicht allzu hohe Vergrößerungswerte. Man nutzt sie unter anderem für feinste Arbeiten an kleinen Objekten.

TELESKOP

Frühe astronomische Teleskope nutzten große Sammellinsen, um das Licht ferner Sterne einzufangen. Aber alle Sternwarten und die meisten Hobby-Astronomen besitzen heute Teleskope, die das aus dem All kommende Licht mit einem großen Hohlspiegel sammeln. Es wird dann zur direkten Beobachtung in ein Okular gelenkt, in Sternwarten allerdings weit häufiger in eine hochempfindliche Digitalkamera oder auf ein Messgerät. Selbst preiswerte Amateur-Fernrohre sind heute gut ausgestattete Geräte, die faszinierende Blicke ins All erlauben.

Der **Sekundärspiegel** lenkt das vom Hauptspiegel kommende Licht um und führt es zum Okular.

Mit dem **Sucherfernrohr** richtet man das Teleskop auf die gewünschte Stelle am Himmel ein. Es vergrößert nur schwach, liefert aber ein großes Bildfeld.

Der **Tubus** schützt vor seitlich einfallendem Licht.

Der gewölbte **Hauptspiegel** erzeugt das Bild. Je größer sein Durchmesser, desto lichtstärker ist das Gerät und desto höhere Vergrößerungen sind sinnvoll.

Ins **Okular** blickt man hinein. Es vergrößert das vom Hauptspiegel gelieferte Bild.

Die **Montierung** trägt das Teleskop und hat zudem Einrichtungen, um es auf die gewünschte Stelle am Himmel auszurichten.

Das **Stativ** sorgt für einen stabilen Stand des Geräts.

Moderne Geräte verfügen über eine **Computersteuerung**. So kann man etwa den Namen eines Planeten oder Sterns eingeben, und der Computer richtet das Teleskop automatisch auf dessen augenblickliche Position am Himmel aus.

Der **Nachführmotor** bewegt das Teleskop langsam entgegen der Erddrehung und verhindert so, dass das Himmelsobjekt rasch aus dem Sichtfeld herauswandert. Das ist besonders wichtig für Fotos mit Langzeitbelichtungen, die auch schwach leuchtende Objekte abbilden sollen.

WELTRAUM-TELESKOP

Fernrohre wie etwa das Hubble-Weltraumteleskop, die außerhalb der Lufthülle der Erde kreisen, liefern dank ihres ungetrübten Blicks ins All faszinierende Bilder.

Über die **Antenne** laufen Steuersignale und Bild-informationen.

Digitalkameras und **Zentralcomputer** sind für das Aufnehmen und Auswerten der Bilder zuständig.

Die **Solarzellen** liefern elektrischen Strom zum Betrieb des Geräts.

Der **Hohlspiegel** sammelt das einfallende Licht.

Die **Lichtschutz-kappe** schützt das Teleskopinnere gegen intensives Sonnenlicht.

Die **Lageregelung** richtet das Teleskop über viele Stunden hinweg exakt auf einen Punkt des Himmels aus, damit es per Langzeitbelichtung scharfe Bilder ferner, lichtschwacher Objekte herstellen kann.

FORSCHUNGSSATELLIT

Die Lufthülle der Erde lässt nur sichtbares Licht und Radiowellen durch. Gammastrahlen, Röntgenstrahlen, ultraviolettes und infrarotes Licht erforscht man daher mit speziellen Teleskopen und Messgeräten an Bord von Satelliten, die außerhalb der Atmosphäre um die Erde kreisen.

RADIOTELESKOP

Aus dem All dringen ständig Radiowellen zu uns. Sie stammen von natürlichen Vorgängen wie explodieren-den Sternen, leuchtenden Gaswolken oder Kollisionen von Galaxien. Die Radioteleskope bündeln diese Wel-len mit gewaltigen Hohlspiegeln aus Metall, ähnlich wie die Satellitenschüsseln fürs Fernsehen, nur viel größer, und konzentrieren sie auf eine kleine, aber hochempfindliche Antenne. Ein Empfänger setzt die Signale dann in Daten für die Computerauswertung oder in Bilder um. Vielfach werden zum Steigern der Empfindlichkeit dutzende solcher Radioschüsseln zu einem Array, einer Gruppierung, zusammengeschaltet.

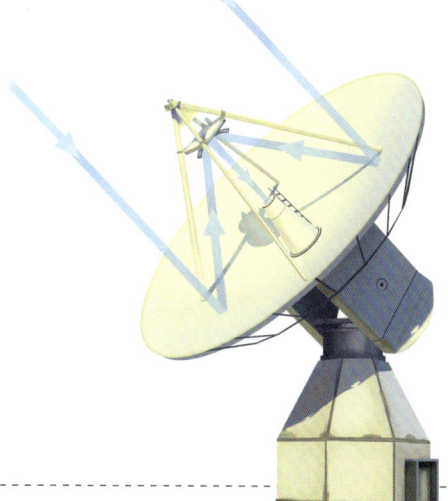

REISE INS ALL

Das Weltall ist für die Technik eine gewaltige Herausforderung. Doch immerhin starten regelmäßig Raketen, eine Raumstation kreist um die Erde, Menschen waren auf dem Mond und Raumsonden haben alle Planeten des Sonnensystems besucht.

RAKETE

Raketen beschleunigen, indem sie große Mengen heißer Verbrennungsgase mit hoher Geschwindigkeit durch Düsen ausstoßen (Rückstoßeffekt). Meist nutzen sie beim Start Hilfsraketen (Booster) und zünden nacheinander mehrere Stufen. Diese beschleunigen die Rakete auf immer höhere Geschwindigkeit. Denn um eine Erdumlaufbahn zu erreichen, muss sie mindestens ein Tempo von knapp acht Kilometern pro Sekunde erreichen. Ziele wie Mond oder Mars erfordern ein noch höheres Tempo.

Zunächst wird die **erste Stufe** gezündet. Die Rakete hebt ab und beschleunigt rasch.

Nach einigen Minuten werden die erste Stufe und der Booster abgesprengt. Dann wird die **zweite Stufe** gezündet.

Die **Nutzlastverkleidung** schützt den Satelliten beim Durchstoßen der Lufthülle.

Turbopumpen leiten Treibstoff ins Triebwerk.

Der **Satellit** wird in der Erdumlaufbahn ausgesetzt und strahlt z. B. fortan Fernsehprogramme aus.

Jede Stufe enthält einen **Treibstofftank**. Gemischt mit Sauerstoff verbrennt der Treibstoff und erzeugt große Mengen heißer Verbrennungsgase.

Der **Sauerstofftank** enthält stark gekühlten, verflüssigten Sauerstoff. Das Triebwerk braucht ihn für die Verbrennung des Treibstoffs, weil es im All keine Luft gibt.

Die **Booster** werden beim Start ebenfalls gezündet und erzeugen kräftigen Zusatzschub.

MARSROVER CURIOSITY

Eine **Datenverarbei-tungseinheit** nimmt Befehle von der Bodenstation auf, steuert aber dann das Gerät teilweise selbsttätig und überträgt Bilder und Daten zur Erde.

Der zwei Meter lange, sehr bewegliche **Robotarm** kann Werkzeuge einsetzen, etwa Schaufeln, Bürsten und Gesteinsbohrer.

Nach der Landung bewegt sich dieser Roboter über den Mars. Er ist so groß und schwer wie ein Kleinwagen.

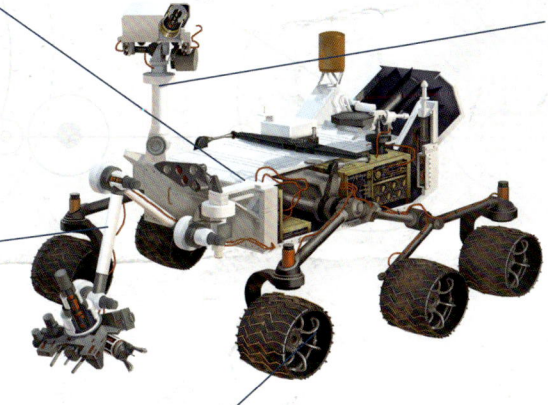

Die **Mastkamera** kann ausgefahren besonders weit schauen. Verschiedene weitere **Kameras** am Gerät nehmen die gesamte Umgebung auf, dienen zur Navigation und zum rechtzeitigen Erkennen von Hindernissen. Sie können aber auch auf besonders interessante Details gerichtet werden und Mikroaufnahmen liefern.

Große **Räder** helfen, weichen Sand und felsiges Gelände zu durchqueren.

INTERNATIONALE RAUMSTATION ISS

Die ISS ist ein Gemeinschaftsprojekt vieler Nationen und befindet sich seit 1998 in der Umlaufbahn der Erde, die sie etwa alle 90 Minuten umrundet. Sie dient mehreren Astronauten jeweils einige Monate lang als Forschungsumgebung. Ihre Größe entspricht etwa zwei Fußballfeldern. Neben Wohnmodulen, technischen Einrichtungen zur Lebenserhaltung, einer Andockstation mit Luftschleusen sowie riesigen Solarzellen zur Stromversorgung enthält sie vor allem Forschungsräume. Raketen oder Versorgungsraumschiffe bringen Nahrung, Kleidung, Wasser, Luft, Ersatzteile und neue wissenschaftliche Experimente zur Station. Der Austausch der Besatzung geschieht mit bemannten Raketen.

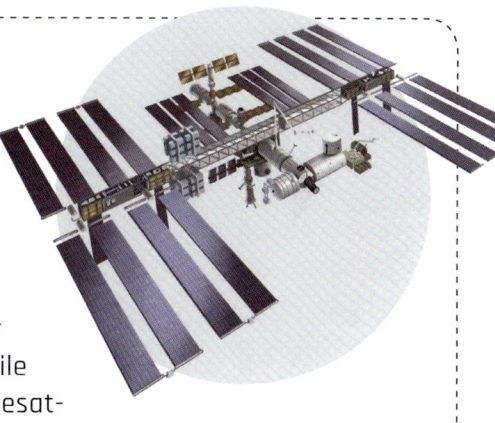

RAUMANZUG

Damit Raumfahrer bei Außenbordarbeiten im luftleeren All überleben, brauchen sie einen guten Schutz vor den rauen Bedingungen dort sowie spezielle Lebenserhaltungssysteme. Ein Raumanzug besteht daher aus mehreren Schichten hochfester Kunststoffe und Textilien, ist völlig luftdicht und schützt auch gegen Mikrometeoriten. Die Außenseite ist meist mit einer lichtreflektierenden Schicht belegt, damit ihn Sonnenstrahlung nicht aufheizt. Ein Tornister auf dem Rücken enthält den Luftvorrat in Stahlflaschen sowie Mittel, um das ausgeatmete Kohlendioxid herauszufiltern. Außerdem trägt der Astronaut eine Windel. Der mit dem Anzug verbundene Helm enthält Mikrofon, Kopfhörer und Anschlüsse für die Luftversorgung. Das Visier schützt gegen die Sonnenstrahlung, die im All viel intensiver und gefährlicher ist als auf der Erde.

ROBOTER

Schon lange träumen die Menschen von künstlichen Wesen, die ihnen anstrengende Arbeiten abnehmen. Heute findet man bereits abertausende von Robotern in Fabriken und sie helfen uns beim Erforschen der Tiefsee und anderer Planeten.

INDUSTRIEROBOTER

Wie Menschen sehen solche Geräte nicht aus. Aber für Arbeiten, die höchste Präzision erfordern, die langweilig oder ungesund sind, eignen sie sich wunderbar. Industrieroboter schweißen Autos, setzen Windschutzscheiben exakt an die richtige Stelle, verschrauben oder sägen Metallteile zurecht. Gesteuert werden sie von Computern, in denen jede einzelne Bewegung genau programmiert ist. Bewegt werden sie von kleinen Elektromotoren. Sensoren überwachen die Stellung der Roboterteile, prüfen die genaue Position der Bauteile und kontrollieren auch die fertige Arbeit.

Der **Roboterarm** lässt sich ausstrecken und in verschiedene Richtungen bewegen.

Die **Hand** kann unterschiedliche Werkzeuge erfassen und einsetzen, zudem ist sie drehbar.

Das **Karussell** ermöglicht dem Gerät Drehungen um sich selbst.

Das **Grundgestell** ist am Boden der Fabrikhalle verankert.

ERKUNDUNGSROBOTER

Diese Roboter erkunden gefährliche oder schwer zugängliche Gebiete und können dort Arbeiten verrichten. Dafür sind sie mit Kameras und zahlreichen Sensoren ausgerüstet und können dank hoch entwickelter Computerprogramme weitgehend selbstständig handeln.

SERVICEROBOTER

Diese Roboter sollen Menschen helfen und werden sich in Zukunft vielleicht zu intelligenten Helfern im Haushalt entwickeln. Da sie viel mit Menschen zu tun haben, gibt man ihnen ein menschenähnliches Aussehen. Der Care-O-bot des Stuttgarter Fraunhofer-Instituts für Automatisierung bewegt sich durch den Raum, ohne irgendwo anzustoßen. Er kann Haushaltsgegenstände greifen und benutzen, die Zeitung bringen, servieren und den Tisch abräumen. Er ist als intelligenter Pflegewagen einsetzbar und in Museen und Ausstellungen könnte er die Besucher mit Informationen versorgen.

Über den **Lautsprecher** kann er Musik oder Sprache wiedergeben.

Der **Arm** ist sehr beweglich.

Mit der mehrfingrigen **Greifhand** kann er selbst empfindliche Gegenstände sicher erfassen.

Berührungsempfindliche **Sensoren** steuern die Bewegungen der Hand.

Der berührungsempfindliche **Bildschirm** nimmt Steuerbefehle entgegen, kann aber auch per Internet Informationen aller Art liefern, Filme zeigen oder Videotelefonate ermöglichen.

Das **Tablett** dient zum Heranbringen oder Abräumen von Gegenständen.

Der **Kopf** enthält mehrere Kameras zum räumlichen Sehen.

Ein **Mikrofon** lauscht auf gesprochene Befehle.

Ein leistungsfähiger **Computer** steuert alle Funktionen des Geräts.

Mehrere **Laserscanner** erkennen etwaige Hindernisse.

Die schwere **Batterie** unten liefert Strom und verhindert zudem, dass er beim Tragen von Gegenständen umkippt.

Auf seinen **Rädern** rollt er leise umher.

RAUMSONDE

Auch unbemannte Flugkörper werden zur Erforschung anderer Himmelskörper mit Raketen ins All geschickt. Sie sind mit zahlreichen Messgeräten, Kameras, einer Stromquelle, einem Steuercomputer sowie einer Funkanlage ausgestattet, um die Messwerte und Bilder zur Erde zu übertragen. Manche transportieren auch Landeteile, die ähnlich ausgestattet sind, auf anderen Himmelskörpern landen und von dort Daten funken.

ENERGIE DER ZUKUNFT

Der Energiebedarf der Menschheit wächst rapide, trotz mancher Sparmaßnahmen. Daher wird intensiv nach neuen Energiequellen gesucht.

FUSIONSREAKTOR

Prozesse, wie sie ähnlich seit Jahrmilliarden im Sonnenkern ablaufen, könnten auch auf der Erde eine nahezu unerschöpfliche Energiequelle bieten: das Verschmelzen (Fusionieren) leichter Atomkerne. Dabei wird ein Teil der Materie in Energie umgewandelt. Am passendsten scheinen dafür aktuell die Rohstoffe Deuterium, das man leicht aus Wasser gewinnen kann, und Tritium, das der Reaktor selbst aus dem ebenfalls nicht seltenen Metall Lithium erzeugt. Bei der Reaktion entsteht Helium, ein nicht radioaktives, harmloses Gas. Das Problem: Atomkerne stoßen sich wegen gleichartiger elektrischer Ladungen gegenseitig ab. Man braucht ungeheure Drücke und extrem hohe Temperaturen, um sie zusammenzuzwingen und die Reaktion möglich zu machen. Es gibt kein Material, das die benötigten Temperaturen aushalten würde, weshalb man die Rohstoffe in ein kompliziert geformtes, superstarkes Magnetfeld einspeist, das die Fusion ermöglicht. Noch arbeitet kein Fusionsreaktor zufriedenstellend. Prinzipiell aber ist klar, wie solch ein Kraftwerk eines Tages aussehen könnte.

Die Fusionsreaktion erzeugt energiereiche **Neutronen**. Sie tragen die frei werdende Energie nach außen. In der **Wandauskleidung (Blanket)** des Reaktionsgefäßes geben die Neutronen ihre Energie ab und erzeugen so Hitze.

Vorratsgefäße für **Deuterium und Lithium**

Die **Heizung** erzeugt die hohen Starttemperaturen zum Einleiten der Fusionsreaktion.

Im **Reaktionsgefäß** läuft die Fusion der Atomkerne ab. Dabei werden sehr energiereiche Teilchen, die Neutronen, ausgesandt.

Der **Reaktionsraum** ist klein und extrem heiß. Ein superstarkes Magnetfeld presst die Reaktionspartner zusammen.

Magnetspulen erzeugen das Magnetfeld.

Wärmetauscher führen die Wärme aus der Wandauskleidung ab und nutzen sie zur Erzeugung von Heißdampf (S. 17).

Der Dampf treibt eine **Turbine mit angeschlossenem Generator** zur Stromerzeugung an.

Abfuhr des Reaktionsprodukts **Helium**

BRENNSTOFFZELLE

Herkömmliche Wärmekraftwerke gehen nicht sehr sparsam mit dem Brennstoff um – viel Energie wird ungenutzt als Wärme frei. Brennstoffzellen können effektiver elektrischen Strom erzeugen. Gespeist werden sie mit einem Brennstoff sowie Luft, und diese Stoffe reagieren direkt in der Zelle zu Strom, etwas Wärme und Abgasen. Ein möglicher Brennstoff ist Wasserstoffgas. Man kann dieses Gas durch Aufspaltung von Wasser herstellen und den für diese Aufspaltung nötigen elektrischen Strom mittels Windkraft- oder Solaranlagen erzeugen. In der Zelle reagieren Wasserstoff und Sauerstoff chemisch miteinander zu Wasserdampf. Dabei wird Energie frei, die an den Elektroden eine elektrische Spannung erzeugt. Sie liegt bei etwas über einem Volt, weshalb man zahlreiche Zellen zu Blöcken zusammenschaltet.

Die Stoffe reagieren miteinander und die Ladung wechselt. Zwischen Anode und Kathode entsteht eine **elektrische Spannung**, ähnlich wie bei einer Batterie. Verbindet man sie über einen Verbraucher, fließt elektrischer Strom.

Wasserstoffgas strömt in einen Anschluss der Zelle.

Die Zelle enthält zwei Elektroden, die **Anode und Kathode** genannt werden.

Sauerstoff oder Luft wird in den anderen Anschluss der Zelle geleitet.

Zwischen den Elektroden liegt eine isolierende **Membran.**

Gefüllt ist die Zelle mit einer Flüssigkeit, dem **Elektrolyt.**

INTELLIGENTES STROMNETZ

Das Verbundnetz zur Stromversorgung muss stabil gehalten werden, sonst drohen teure Stromausfälle. Zurzeit geschieht dies durch die Planung der Stromerzeuger. Intelligente Netze aber könnten auch die Verbraucher steuern. So ziehen manche Geräte viel Strom, müssten dies aber nicht zu Verbrauchsspitzen tun. Ähnlich ist es mit bestimmten energieintensiven Großanlagen in der Industrie. Spezielle Stromzähler würden diese Daten über das Internet empfangen und könnten bestimmte Verbraucher im Haus so steuern, dass der Stromverbrauch möglichst niedrig ist.

Wasserstofftechnologie

Wasserstoff könnte in Zukunft ein wichtiger Lieferant und Speicher für Energie sein. Herstellen könnte man ihn etwa durch Zersetzung von Wasser mit überschüssigem Strom aus erneuerbaren Energiequellen. Dann kann man ihn per Leitung zu Verbrauchsstellen und auch Wasserstofftankstellen verteilen. Brennstoffzellen könnten im Haushalt oder Auto Strom erzeugen oder Wasserstoff könnte direkt in Heizungsanlagen verbrannt werden.

VORSTOSS INS ALLERKLEINSTE: NANOTECHNOLOGIE

Die Technik stößt in immer kleinere, für das Auge nicht mehr sichtbare Bereiche vor, die mit der Vorsilbe „nano" gekennzeichnet werden. Zunehmend wird auch das noch winzigere Erbgut von Tieren und Pflanzen technisch bearbeitet.

GENTECHNIK

In jeder Zelle eines Lebewesens steckt dessen gesamter Bauplan, chemisch codiert in Form eines langen Moleküls namens DNA. Einzelne Abschnitte davon sind für die Ausprägung eines bestimmten Merkmals zuständig, etwa der Blütenfarbe. Auch enthalten sind Herstellungsanweisungen für einen bestimmten Stoff, etwa einen natürlichen Schutzstoff gegen Schädlinge. Seit einigen Jahren ist es nun möglich, solche Abschnitte gezielt aus dem Erbgut zu schneiden und in das Erbgut eines anderen Lebewesens einzusetzen. Es verfügt dann über die Fähigkeit, z. B. jenen Schutzstoff selbst herzustellen, und gibt diese auch an seine Nachkommen weiter.

Die Bakterienart Bacillus thuringiensis bildet einen natürlichen Schutzstoff gegen bestimmte Insekten. Überträgt man mittels Gentechnik diese Fähigkeit auf Maispflanzen, werden sie widerstandsfähig gegen Schadinsekten wie den Maiszünsler, der gewaltige Ernteschäden verursacht. Solchen Mais muss man also nicht mehr mit Pflanzenschutzmitteln behandeln.

1. Das Erbgutstück mit der Herstellungsanweisung für den Schutzstoff wird dem Erbgut des Bakteriums entnommen.

2. Das Gen wird in das Erbgut eines anderen Bakteriums eingefügt. Dieses Bakterium (Agrobacterium tumefaciens) hat von Natur aus die Eigenschaft, Pflanzen zu befallen und ihnen Erbgutstücke einzusetzen.

3. Das Bakterium wird mit jungen Maispflanzen zusammengebracht und transportiert das veränderte Erbgut in deren Zellen hinein.

4. Maispflanzen, die das Gen aufgenommen haben, werden gezielt weitervermehrt und ihre Samen fortan ausgesät.

Typen der Gentechnik

Gentechnische Methoden werden inzwischen für viele Zwecke eingesetzt. Man unterscheidet die Anwendung bei Pflanzen als „Grüne Gentechnik" von der „Roten Gentechnik", die etwa Medikamente wie Insulin mithilfe von Mikroorganismen erzeugt. Die „Weiße Gentechnik" produziert auf ähnliche Weise Rohstoffe für die Industrie und die „Graue Gentechnik" arbeitet an Lebewesen, die vom Menschen erzeugte Abfallstoffe umweltfreundlich entsorgen. „Blaue Gentechnik" befasst sich mit Lebewesen aus Gewässern.

Nanotechnologie

Sie nutzt Techniken, die sich mit Objekten im Größenbereich eines milliardstel Meters befasst, die also winzig klein und für das Auge unsichtbar sind. Zu ihren Produkten zählen etwa Fassadenfarben mit dem Lotus-Effekt, die sich dank extrem winziger Oberflächenstrukturen immer wieder selbst reinigen. Ähnlich sind die Windschutzscheiben der Autos, die Regentropfen einfach abprallen lassen. Modernste Farbfernseher können dank Nanopunkten, die farbiges Licht ausstrahlen, eine zuvor ungeahnte Farbfülle bieten. Nanomotoren könnten eines Tages winzige Nanoroboter antreiben, die im Körper Adern reinigen, schwer zugängliche Blutpfropfen beseitigen, Wirkstoffe gezielt zu bestimmten Orten im Körper transportieren oder Krebszellen bekämpfen.

CERN

Diese Abkürzung steht für das Europäische Zentrum für Kernforschung. In dieser Großforschungsanlage arbeiten Wissenschaftler aus aller Welt und untersuchen gemeinsam die Struktur der Materie und damit den Bau unserer Welt. Sie nutzen dazu unter anderem gewaltige Ringbeschleuniger in unterirdischen Tunneln. Durch diese Ringe kreisen kleinste Elementarteilchen (etwa Protonen, die Bestandteile des Atomkerns). Sie werden dabei auf höchste Energien beschleunigt, wobei superstarke Elektromagnete sie auf der Kreisbahn halten. Schließlich lässt man sie auf andere Materie prallen und untersucht mit teils haushohen Detektoren die entstandenen Bruchstücke. Zur Auswertung der Messdaten dienen leistungsfähige Großcomputer.

VERKEHR DER ZUKUNFT

Autos wird es wohl in Zukunft auch geben, aber möglicherweise mit Elektro- oder Wasserstoffantrieb. Die Computertechnik wird das Fahren damit sicherer und bequemer machen.

INTELLIGENTE STRASSE

Von der Zentrale gesteuerte **Lichtleitsysteme** geben Hinweise zur Verkehrssituation an die Fahrer. Verkehrsmeldungen können drahtlos gezielt an die Autos in bestimmten Straßenabschnitten gesandt werden.

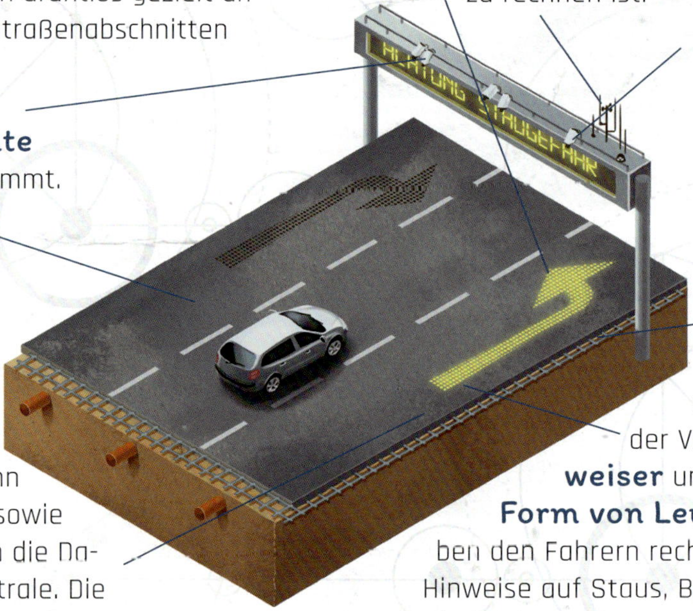

Sichtweitenmessgeräte melden, wenn Nebel aufkommt. Die **Fahrbahndecke** reduziert Fahrgeräusche, reflektiert nachts und repariert sich bei kleineren Schäden möglicherweise sogar selbst. **Sensoren** in der Fahrbahn registrieren jeden Wagen sowie dessen Tempo und melden die Daten an die Verkehrsleitzentrale. Die weiß daher, wo gerade besonders dichter Verkehr herrscht oder es sich staut.

Temperaturmessgeräte registrieren es, wenn mit Eisglätte zu rechnen ist.

Kameras senden Bilder von besonders unfallträchtigen Streckenabschnitten.

In der Fahrbahn liegen Einrichtungen zur drahtlosen **Stromübertragung** an fahrende Elektrofahrzeuge.

Aufgrund der Daten steuern die Mitarbeiter der Verkehrsleitzentrale **Wegweiser** und **Hinweisschilder in Form von Leuchtanzeigen**. Sie geben den Fahrern rechtzeitig Warnungen oder Hinweise auf Staus, Baustellen, Geisterfahrer, Hindernisse oder Sperrungen und informieren über die erlaubte Geschwindigkeit.

CARSHARING DER ZUKUNFT

Bisher kann man sich per Internet einen Leihwagen buchen und bekommt ein in der Nähe parkendes Fahrzeug zugeteilt. Mit selbstfahrenden Autos wird alles in Zukunft noch einfacher. Eine Zentrale gibt die Anforderung an die Computer der diversen Fahrzeuge weiter, und der sich am nächsten befindende Wagen holt den Fahrgast selbstständig ab. Auf der Rechnung werden dann die gefahrenen Kilometer angezeigt. Auch öffentliche Verkehrsmittel werden zunehmend in diese Verkehrsplanung eingebunden. Computer berechnen die schnellste oder günstige Möglichkeit, schicken eventuell einen Wagen, der den Kunden zum Bahnhof oder Flughafen fährt, buchen Fahrkarte oder Ticket auf sein Smartphone und kümmern sich auch darum, dass er am Zielbahnhof oder -flughafen von einem Wagen abgeholt und zum Fahrtziel gebracht wird.

CAR-TO-CAR-KOMMUNIKATION

Trotz aller Sensoren und Kameras: Die jeweilige Verkehrssituation und etwaige Gefahren an bestimmten Stellen erkennen am besten die gerade dort fahrenden Autos. Daher laufen Projekte, bei denen Autos automatisch solche Informationen an nachfolgende Wagen oder auch an die Straßenüberwachung funken. So können sie rechtzeitig vor einem Stauende an unübersichtlicher Stelle oder einem plötzlichen Hindernis auf der Straße warnen. Die Funksignale der Autos sollen nur über sehr geringe Entfernungen verbreitet werden. Empfänger können in Straßenlaternen oder Hinweisschildern untergebracht werden und natürlich in jedem Auto. Daten werden per Funk zwischen Autos ausgetauscht. Vor allem plötzliches Bremsen löst sofort eine Warnung an nachfolgende Wagen aus. Der Bordcomputer nimmt die einlaufenden Warnungen entgegen, sortiert sie und zeigt wichtige Meldungen an. In Notfällen reagiert er selbsttätig und leitet ein Bremsmanöver ein. Dank GPS-Satelliten (S. 129) können die Daten so gekennzeichnet werden, dass der Empfänger erkennt, ob der Sender vor oder hinter ihm fährt. Hinweisschilder und Anzeigetafeln senden Daten an den Bordcomputer des Wagens.

SELBSTSTEUERNDES AUTO

Im Testbetrieb sind bereits Autos, die selbstständig fahren und bei denen der Fahrer nur gelegentlich eingreifen muss. Ziel sind Autos, die nach Adresseingabe selbstständig und sicher den schnellsten oder günstigsten Weg finden. Mehrere Kameras überwachen die gesamte Umgebung des Fahrzeugs, besonders natürlich die Fahrbahn. Ein Computer wertet die Bilder aus. Er erkennt Hindernisse wie Personen, Tiere oder andere Autos und reagiert entsprechend durch Bremsen oder Ausweichen. Auch Verkehrsschilder, Ampelanzeigen und den Fahrbahnrand nimmt der Computer dank der Kameras wahr. Per Funk von der Verkehrsleitzentrale einlaufende Verkehrsmeldungen wertet der Computer auch aus. Passiert der Wagen eine Anzeigetafel oder Ampel, gibt diese die jeweilige Anzeige auch per Funk aus. Ein Empfänger im Fahrzeug nimmt sie auf und gibt sie an den Computer weiter. Dank seines GPS kennt der Wagen jederzeit seine genaue Position und den Weg zum eingegebenen Ziel. Über Car-to-Car-Funk tauscht der Wagen Daten mit benachbarten Fahrzeugen aus und ist so über Hindernisse, plötzliche Bremsmanöver vor ihm fahrender Wagen oder Überholabsichten hinter ihm fahrender Wagen im Bilde und informiert seinerseits über seine Absichten. Der Computer steuert den gesamten Fahrtvorgang. Wenn der Treibstoffvorrat zu Ende geht, fährt er auch eine Tankstelle an. Bleibt der Wagen wegen einer Panne oder eines Unfalls liegen, ruft er automatisch entsprechende Hilfe an den dank GPS bekannten (S. 129) Unfallort und sendet Warnungen an nachfolgende Fahrzeuge.

MEDIZINISCHE UNTERSUCHUNGEN

Der erste Schritt zur Heilung ist die Diagnose. Denn nur wenn der Arzt weiß, worin die Krankheit besteht, kann er gezielte Maßnahmen ergreifen.

RÖNTGEN

In den lebenden menschlichen Körper zu blicken, ohne ihn aufschneiden zu müssen, ist ein alter Traum der Ärzte. Das Röntgengerät hat ihn erstmals verwirklicht. Röntgenstrahlen sind eine besondere, energiereiche Art von Lichtstrahlung. Sie haben die Fähigkeit Materie, mehr oder weniger gut, zu durchdringen.

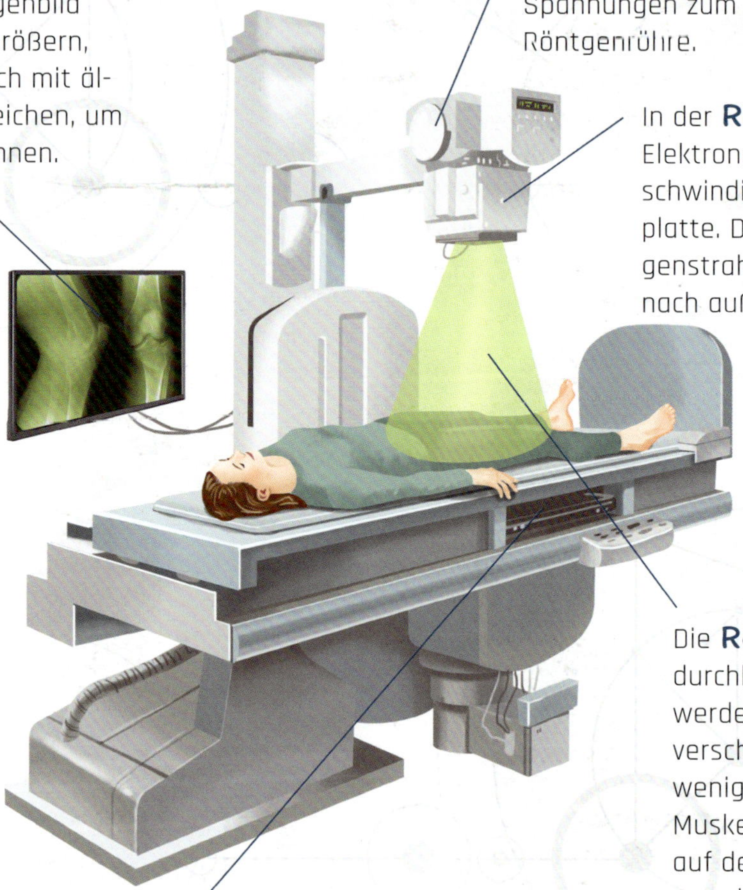

Auf dem **Computermonitor** kann der Arzt das Röntgenbild sehen, Ausschnitte vergrößern, es abspeichern oder auch mit älteren Aufnahmen vergleichen, um Veränderungen zu erkennen.

Zur Untersuchung von Hohlräumen, etwa Magen oder Adern, erhalten die Patienten ein für die Strahlen undurchsichtiges, harmloses **Kontrastmittel.** Es füllt die Räume und stellt so deren Wände besonders gut dar.

Ein **Hochspannungserzeuger** generiert die hohen elektrischen Spannungen zum Betrieb einer Röntgenröhre.

In der **Röntgenröhre** prallen Elektronen mit hoher Geschwindigkeit auf eine Metallplatte. Dabei entsteht Röntgenstrahlung, die durchs Glas nach außen tritt.

Die **Röntgenstrahlen** durchlaufen den Körper und werden unterschiedlich stark verschluckt. Knochen lassen weniger Strahlung durch als Muskeln. Sie sind deshalb auf dem Röntgenbild heller zu sehen.

Moderne elektronische **Detektoren** nehmen das Röntgenbild auf und leiten es an einen Computer weiter.

COMPUTERTOMOGRAPHIE (CT)

Herkömmliche Röntgengeräte liefern keine sehr scharfen Bilder, weil die Strahlen durch den ganzen Körper dringen müssen. Sehr viel genauere Bilder erzeugt die CT. Dabei wird der Patient in eine Röhre geschoben und muss einige Momente still liegen. In dieser Zeit kreist eine Röntgenröhre um ihn und ein Detektor misst die Röntgenstrahlung auf der jeweils gegenüberliegenden Seite. Die Daten laufen in einen Computer, der daraus zunächst Querschnittsbilder errechnet. Diese Schnittbilder kann er zu einem dreidimensionalen scharfen Bild des Körperinnern zusammensetzen. Zur besseren Darstellung von Hohlräumen nutzt man auch hier Kontrastmittel.

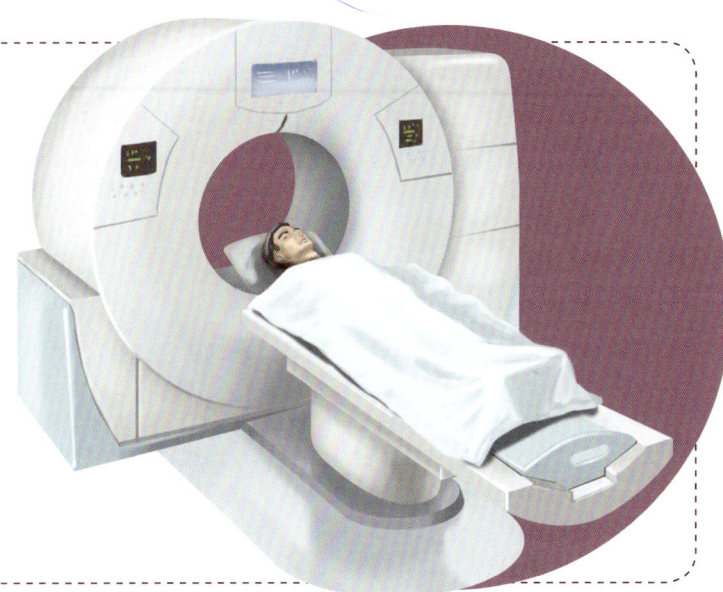

ULTRASCHALLUNTERSUCHUNG

Ultraschall ist für uns unhörbarer Schall mit sehr hoher Frequenz. Bei einer Ultraschalluntersuchung (Sonografie) strahlt ein kleiner Scanner Ultraschall durch die Haut in den Körper und empfängt die Echos. Die Daten werden auf einem Bildschirm sichtbar, bei neueren Geräten sogar als räumliches Bild. Der Arzt kann damit innere Organe, aber auch z. B. ungeborene Kinder im Mutterleib untersuchen.

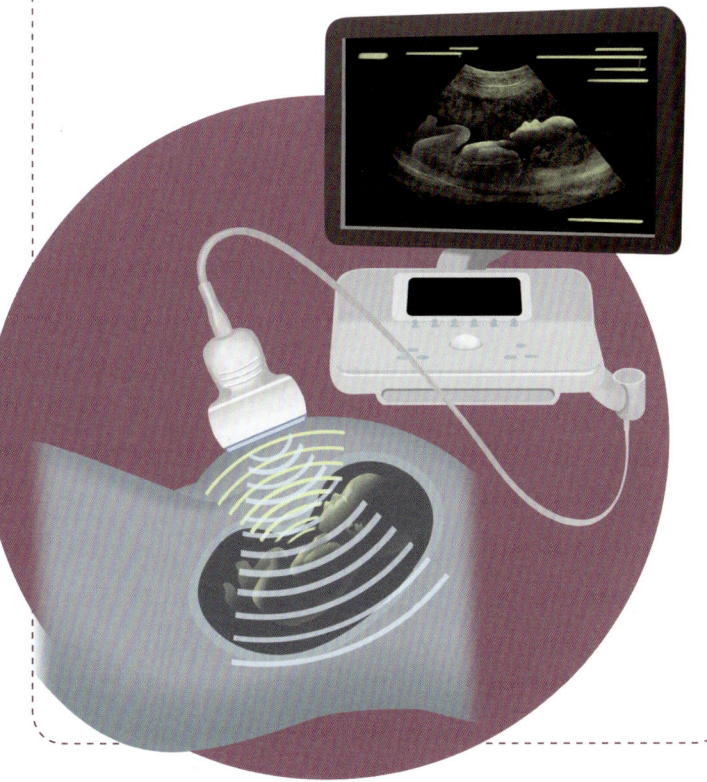

POSITRONEN-EMISSIONS-TOMOGRAPHIE (PET)

Bei dieser Technik spritzt der Arzt dem Patienten ein schwach radioaktives Kontrastmittel. Er kann dabei unter verschiedenen Stoffen wählen, je nachdem, welches Organ besonders gut dargestellt werden soll – etwa die Schilddrüse, die Nieren oder der Herzmuskel. Dann wird der auf einem Tisch liegende Patient durch zwei große Ringe geschoben, in denen hunderte von Detektoren die radioaktive Strahlung auffangen. Ein Computer errechnet daraus Schnittbilder des entsprechenden Organs.

STETHOSKOP

Mit diesem Gerät kann der Arzt in den Körper hineinlauschen. Ein Stethoskop besteht aus einer dünnen Membran, die den Schall aufnimmt und durch einen Schlauch zu einem Hörteil weiterleitet, das sich der Arzt in die Ohren steckt. Der Herzschlag, die Geräusche der atmenden Lungen, Darmgeräusche und knirschende Gelenke verraten ihm dabei viel über vorhandene Krankheiten.

OTOSKOP

Dieses Gerät dient zur Untersuchung des Gehörgangs. Eine kleine Lampe wirft Licht ins Ohr und eine Lupe hilft, etwaige Probleme zu erkennen.

FIEBERTHERMOMETER

Früher bestanden Thermometer aus Glas und waren mit flüssigem Quecksilber gefüllt. Moderne Thermometer arbeiten vollelektronisch. Sie besitzen an der Spitze einen kleinen Temperaturfühler. Er ändert seinen elektrischen Widerstand je nach Temperatur, lässt also mehr oder weniger Strom fließen. Eine Elektronikschaltung misst die Stromstärke, rechnet sie in einen Temperaturwert um und zeigt ihn an. Eine andere Art von Fieberthermometer wird einfach auf verschiedene Stellen der Stirn gedrückt. Sie besitzen einen Sensor für Wärmestrahlung (Infrarot). Die Stärke dieser Strahlung hängt von der Körpertemperatur ab. Auch hier rechnet eine Elektronikschaltung den Wert um in die Temperatur und zeigt sie an.

BLUTDRUCKMESSER

Der Blutdruck muss regelmäßig überprüft werden, weil sich Krankheiten manchmal zuerst in dessen Veränderung zeigen. Genau genommen sind es sogar zwei Werte, die man misst: den Druck des vom Herzen kommenden Bluts und den geringeren Druck des zurückfließenden Bluts. Zum Messen wird um den Oberarm eine Manschette gelegt und so stark aufgeblasen, dass sie dort eine große Blutader abdrückt und den Blutfluss stoppt. Dann lässt man langsam die Luft ab und beobachtet den Druckmesser der Manschette. Dabei horcht der Arzt mit seinem Stethoskop auf den Pulsschlag. Bei einem bestimmten Druck schafft es das Herz, den Manschettendruck zu überwinden und wieder Blut in die Ader zu schicken. Das hört der Arzt an Geräuschen des durch die Ader wirbelnden Bluts und notiert den Druckwert. Nach einiger Zeit verschwinden diese Geräusche, weil nun das Blut auch wieder zum Herzen zurückströmen kann und daher ohne Verwirbelung in der Ader fließt. Auch dieser Druckwert wird notiert. Es gibt heute kleine elektronische Geräte, mit denen man diese Messungen auch zu Hause durchführen kann. Dabei nimmt ein Mikrofon die Blutgeräusche auf.

MAGNETRESONANZTOMOGRAPHIE

Unser Körper steckt voller Atome des Elements Wasserstoff, die man sich als Abermilliarden winziger Kreisel vorstellen kann. Zur MRT-Untersuchung wird der Patient in einen superstarken Elektromagneten gelegt und kurz mit starken Radiowellen bestrahlt. Sie richten alle Wasserstoffatome gleich aus. Die Drehachsen der „Kreisel" weisen also nun für einen Moment alle in dieselbe Richtung. Danach aber richten sich die Atomkreisel wieder in beliebige Richtungen aus. Sie senden dabei schwache Radiowellen aus. Ein Computer errechnet aus deren jeweiliger Stärke Bilder, die bevorzugt die wasserhaltigen Teile des Körpers zeigen, also vor allem die Organe. Es ist mit der MRT sogar möglich, Bewegungen etwa von Blut und Herz zu filmen oder gezielt der Arbeit der Gehirnnerven zuzusehen.

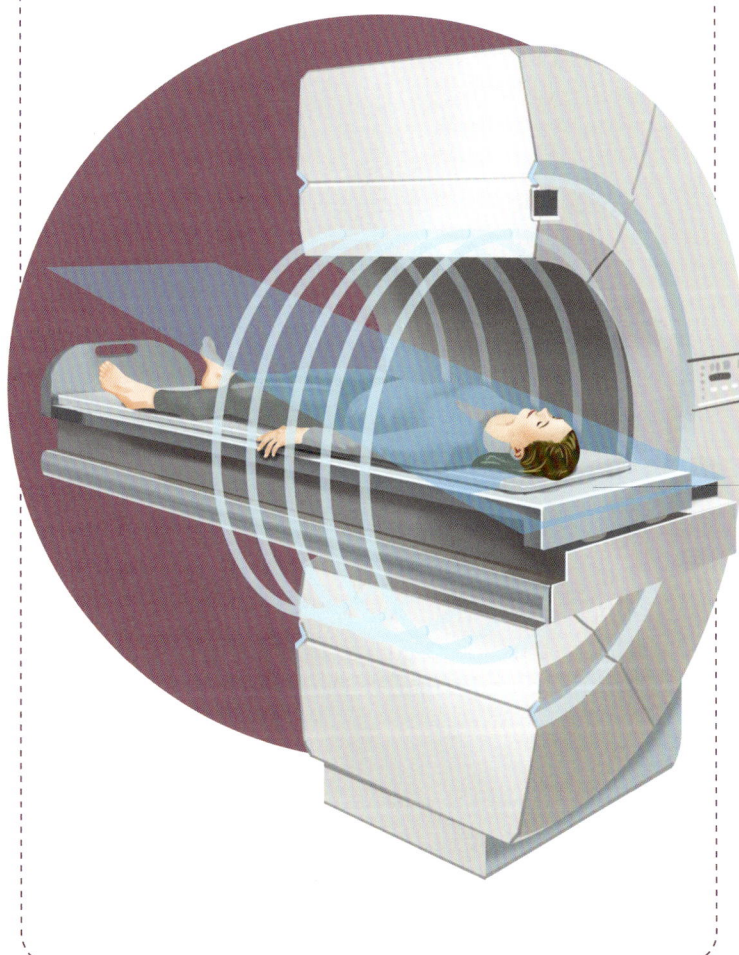

CHIP-LABOR

Diese Geräte sollen in Zukunft Bluttests schneller und zuverlässiger machen. Sie nutzen biologische Substanzen, die sich ganz gezielt nur mit jeweils einem anderen Stoff chemisch verbinden können, mit keinem anderen. Bei dieser Bindung verändern sie zudem bestimmte Eigenschaften, etwa ihre Farbe. Chip-Labore tragen auf einem kleinen Kunststoffplättchen verschiedene dieser Spürstoffe und dazu jeweils einen elektronischen Sensor etwa für die Farbe. Trägt man nun einen Tropfen Blut auf, reagieren einige der Spürstoffe. Verbindet man den Chip mit einem Auswertegerät, zeigt dieses sofort Art und Intensität der Reaktion. Besonders wertvoll ist diese Methode zum Aufspüren sogenannter Bio-Marker. Das sind Stoffe, die der Körper nur bei bestimmten Leiden erzeugt und ins Blut abgibt. Sie zeigen die jeweilige Krankheit daher sehr zuverlässig an, meist auch in einem sehr frühen Stadium.

ENDOSKOPIE

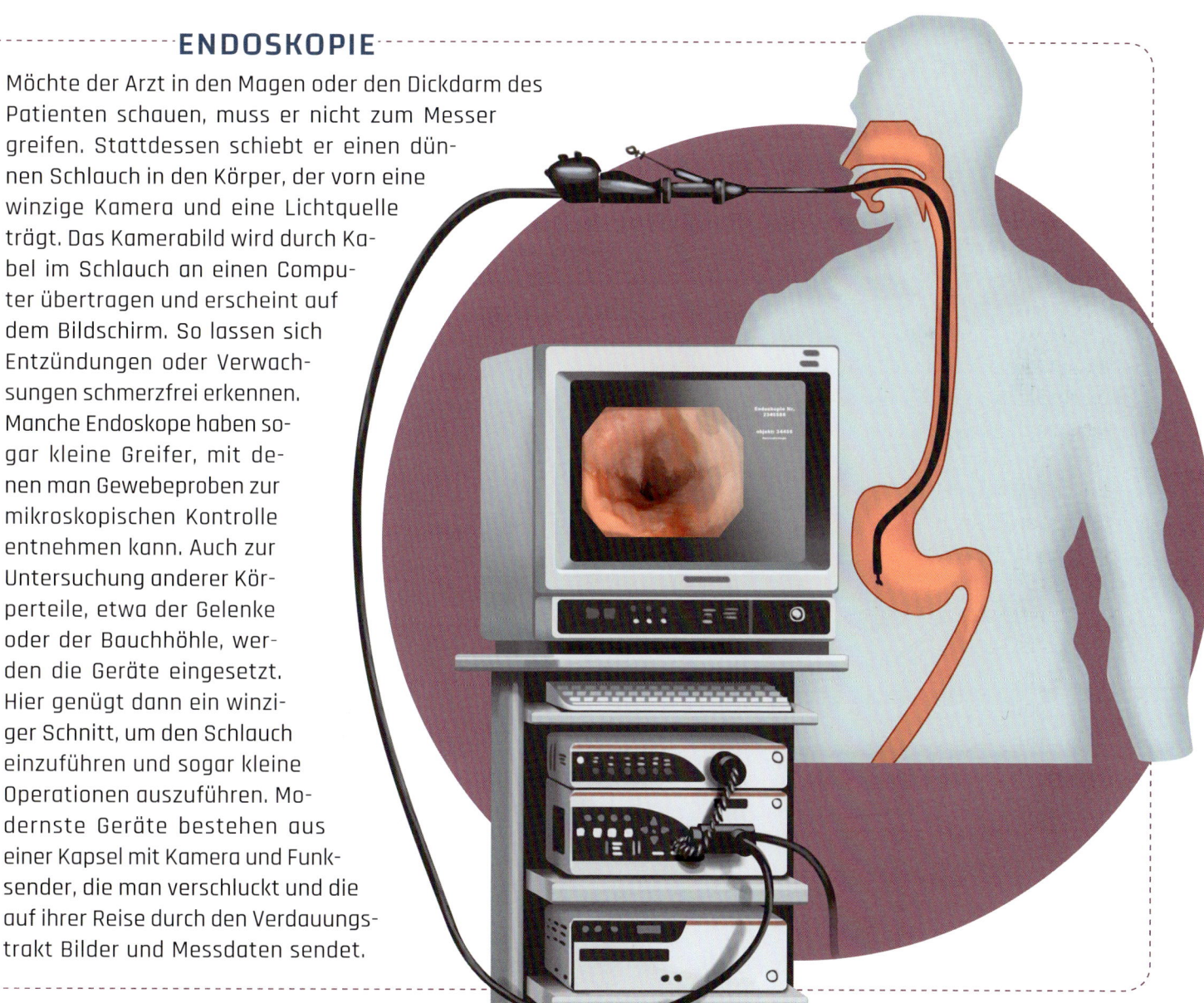

Möchte der Arzt in den Magen oder den Dickdarm des Patienten schauen, muss er nicht zum Messer greifen. Stattdessen schiebt er einen dünnen Schlauch in den Körper, der vorn eine winzige Kamera und eine Lichtquelle trägt. Das Kamerabild wird durch Kabel im Schlauch an einen Computer übertragen und erscheint auf dem Bildschirm. So lassen sich Entzündungen oder Verwachsungen schmerzfrei erkennen. Manche Endoskope haben sogar kleine Greifer, mit denen man Gewebeproben zur mikroskopischen Kontrolle entnehmen kann. Auch zur Untersuchung anderer Körperteile, etwa der Gelenke oder der Bauchhöhle, werden die Geräte eingesetzt. Hier genügt dann ein winziger Schnitt, um den Schlauch einzuführen und sogar kleine Operationen auszuführen. Modernste Geräte bestehen aus einer Kapsel mit Kamera und Funksender, die man verschluckt und die auf ihrer Reise durch den Verdauungstrakt Bilder und Messdaten sendet.

IMPLANTATE UND PROTHESEN FÜR DEN MENSCHEN

Die Medizin hat viele Möglichkeiten entwickelt, Kranken zu helfen, und nutzt dafür modernste technische Entwicklungen, wie etwa Roboter, die Operationen ausführen, oder hilfreiche Ersatzorgane.

PROTHESEN UND IMPLANTATE

Ärzte können für kranke oder zerstörte Teile des Körpers künstliche Organe oder Ersatzteile einsetzen.

Eine **Schädelplatte** ersetzt ein Stück des Schädelknochens.

Ein **Cochlea-Implantat** mit Mikrofon und Stimulator für den Hörnerv wird ins Ohr eingesetzt und kann bei gehörlosen Menschen in bestimmten Fällen die Hörfähigkeit wiederherstellen.

Muss etwa wegen Trübung die Augenlinse entfernt werden, kann sie durch eine **künstliche Linse** ersetzt werden.

Zahnimplantate funktionieren wie echte Zähne. Sie werden mit Schrauben fest im Kieferknochen verankert.

Eine **Kieferprothese** kann statt eines Unterkiefers eingesetzt werden.

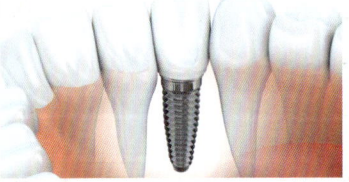

Ein **Herzschrittmacher** hilft Patienten mit schwachem Herzen. Er regt den Herzmuskel durch regelmäßige elektrische Reize zum Arbeiten an.

Herzklappen sind die Ventile im Herzen. Arbeiten sie nicht richtig oder sind sie zerstört, können **künstliche Herzklappen** ihre Funktion übernehmen.

Hat man etwa durch einen Unfall einen Arm verloren, kann eine **Armprothese** wenigstens teilweise seine Funktionen ersetzen.

Cyberhand nennt man eine **Handprothese**, in deren Inneren kleine Motoren die Finger bewegen. Sie reagieren direkt auf Nervensignale vom Gehirn, zudem geben Fühler (Sensoren) an den Fingerspitzen ihrerseits Signale ans Gehirn.

Ein **künstliches Herz** aus Kunststoffen und Edelmetall ist eine kleine Pumpe und kann ein krankes Herz oder zumindest einen Teil davon ersetzen. Die Stromversorgung geschieht von außen über ein Kabel durch die Haut.

Besonders bei alten Menschen ist oft das Hüftgelenk verschlissen und schmerzt heftig. Dann kann es durch eine **Hüftgelenkprothese** ersetzt werden. Sie besteht aus zwei Teilen: Die Gelenkpfanne wird im Hüftknochen verankert, der Schaft im Oberschenkelknochen.

Eine **Kniegelenkprothese** kann ein kaputtes Knie wieder funktionsfähig machen.

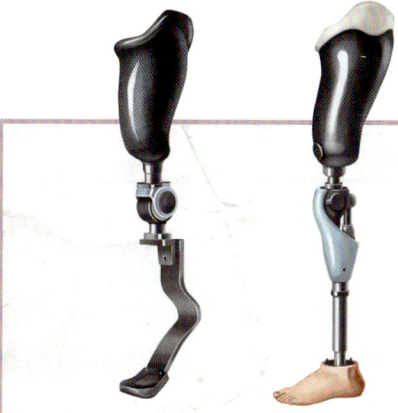

Bein- oder Fußprothesen erhöhen die Lebensqualität beinamputierter Menschen ganz erheblich. Mit modernen Prothesen ist sogar Leistungssport möglich.

BLUTGEFÄSSPROTHESEN

Solche Prothesen aus speziellen Kunststoffen ersetzen Arterien oder Venen, die infolge einer Krankheit (etwa einer Verstopfung) entfernt werden mussten.

HÖRGERÄT

Die kleinen Geräte, die man hinter dem Ohr oder sogar im Gehörgang tragen kann, können das Gehör erheblich verbessern. Sie bestehen aus Mikrofonen, einem Verstärker, einem Schallsender (Hörer) und einem kleinen Computerchip. Vor Einsetzen des Geräts wird zunächst die Hörfähigkeit des Ohrs genau vermessen und dann der Chip so programmiert, dass er die Mängel des Gehörs optimal ausgleicht.

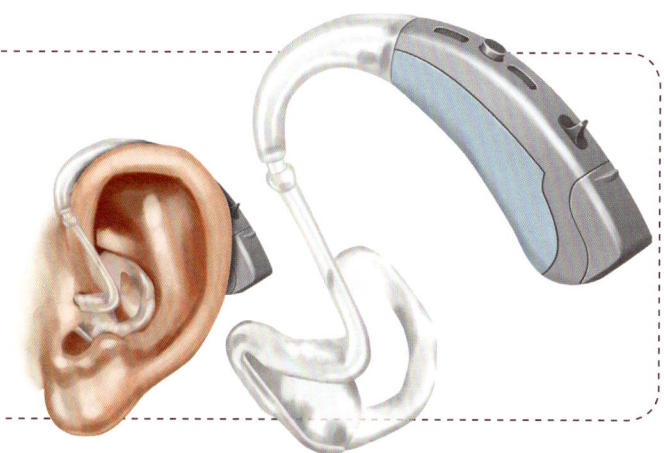

BRILLE

Die vor den Augen getragenen Glaslinsen verbessern die Sehfähigkeit, wenn das Auge intakt ist. Sie berichtigen optische Fehlfunktionen: Sammellinsen korrigieren Weitsichtigkeit. Mit ihnen kann man nahe Gegenstände wieder gut erkennen. Brillengläser mit nach innen gewölbter Oberfläche dagegen können Kurzsichtigkeit beheben, sodass man auch weiter entfernte Dinge wieder scharf sieht.

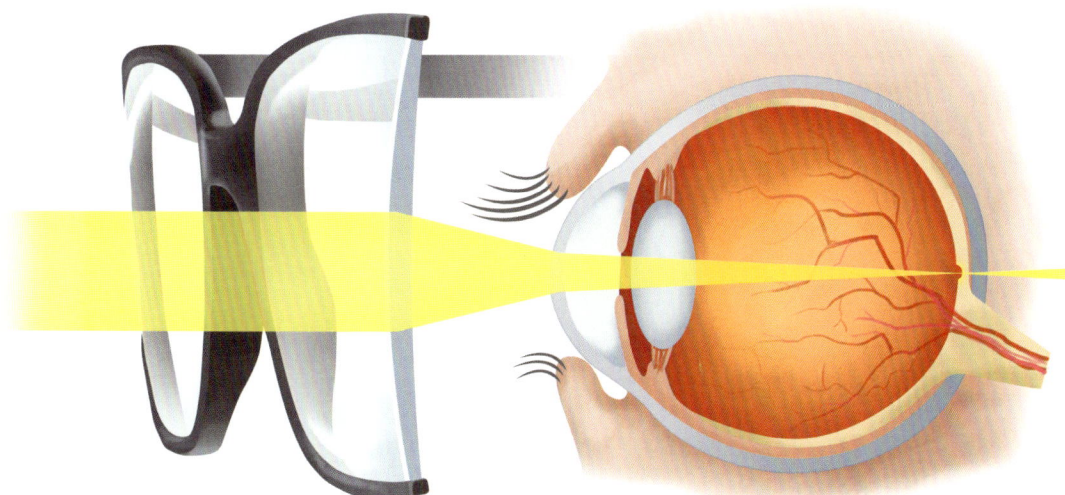

GLOSSAR

AMPERE
Maßeinheit für die elektrische Stromstärke

ANTENNE
Einrichtung zum Senden und Empfangen von Radiowellen, die ein Sender erzeugt und ein Empfänger aufnimmt.

ATOM
Der kleinste Bestandteil eines chemischen Elements. Es besteht aus einem Atomkern, der über tausendmal winziger ist als das Atom selbst, sowie Elektronen, die sich im Raum um diesen Kern bewegen.

BIONIK
Darunter versteht man das Untersuchen bestimmter „Erfindungen" der Natur, um sie für menschliche Technik nutzbar zu machen. Beispiele dafür sind z. B. die Wuchsformen von Bäumen (Vorbild für bruchsichere Träger beim Bau), die Klettenfrüchte (Vorbild für den Klettverschluss), der Lotuseffekt mancher Blätter (Vorbild für selbstreinigende Oberflächen).

CHEMISCHES ELEMENT
Stoff, der aus lauter gleichen Atomen besteht. Man kennt etwa 120 chemische Elemente, in der Natur kommen aber nur etwa 90 vor. Beispiele sind Wasserstoff, Sauerstoff, Kohlenstoff, Kalzium, Silizium, Eisen, Schwefel und Gold.

CHIP
Auch Computerchip genannt. Er ist ein kleines Plättchen mit zahlreichen winzigen elektronischen Bauteilen und wird als Datenspeicher und zur Datenverarbeitung eingesetzt.

DAUERMAGNET
Magnet, der aufgrund seines speziellen Materials seine Magnetkraft ständig behält.

DETEKTOR
Ein Aufspürer, etwa von Strahlung, Wellen oder auch Gerüchen

DISPLAY
Elektronisches Anzeigetäfelchen an Geräten

DOPPLER-EFFEKT
Das Phänomen, dass ein Beobachter den Ton einer sich nähernden Schallquelle als höher wahrnimmt, als wenn sie sich von ihm entfernt. Den gleichen Effekt gibt es auch bei Funkwellen (etwa Radar) und bei Licht; hier verschiebt sich z. B. die Farbe.

DRUCK
Die Wirkung einer Kraft auf eine Fläche. Schlägt man auf einen Nagel, konzentriert sich die Schlagkraft auf den kleinen Nagelkopf, entsprechend ist der Druck dort besonders hoch.

DÜSE
Die Verengung eines Rohrs. Sie bewirkt, dass Gase oder Flüssigkeiten hier besonders schnell ausströmen.

DYNAMISCHER AUFTRIEB
Die aufwärtswirkende Kraft, die z. B. an einem Flugzeugflügel durch die anströmende Luft erzeugt wird. Bei ruhender Luft tritt die Kraft nicht auf.

ELEKTRISCHE SPANNUNG
Der „Druck", mit dem eine elektrische Stromquelle Strom fließen lassen kann. Sie wird in Volt gemessen. Mignon-Batterien etwa haben 1,5 Volt, Autoakkus 12 Volt, Steckdosenstrom 230 Volt.

ELEKTROMAGNET
Meist eine Drahtspule mit oder ohne Eisenkern. Er ist nur so lange magnetisch, wie elektrischer Strom durch die Spule fließt.

ELEKTROMAGNETISCHES SPEKTRUM
So unterschiedlich Radiowellen, Wärmestrahlen, Licht oder Röntgenstrahlen erscheinen: Sie sind alle „elektromagnetische Wellen" und unterscheiden sich nur durch ihre

Wellenlänge (den Abstand zwischen zwei Wellenbergen). Geordnet nach steigender Frequenz bzw. abnehmender Wellenlänge umfasst das elektromagnetische Spektrum Radiowellen, Mikrowellen, Infrarotlicht, sichtbares Licht, Ultraviolettlicht, Röntgenstrahlen und Gammastrahlen.

ELEKTROMOTOR

Motor, der durch elektrischen Strom angetrieben wird. Es gibt Elektromotoren in praktisch jeder Größe und mit jeder Leistung und sie arbeiten in zahlreichen Haushaltsgeräten, Verkehrsmitteln und Industriebetrieben.

ELEKTRON

Winzige Elementarteilchen, die elektrisch (negativ) geladen sind. Elektronen stecken in jedem Atom. Und in einem Draht fließender elektrischer Strom besteht aus strömenden Elektronen.

ELEKTRONIK

Teilgebiet der Elektrotechnik, in dem es besonders um Bauteile wie Transistoren, Leuchtdioden, Computerchips und Radioröhren geht. Elektronische Geräte arbeiten dank dieser Bauteile.

ENERGIE

Die Fähigkeit, Arbeit zu leisten. Sie kommt in zahlreichen Formen vor, die (meist unter Verlusten) ineinander umwandelbar sind, etwa mechanische, chemische und elektrische Energie, Wärmeenergie, Kernenergie.

FREQUENZ

Die Schwingungszahl von Wellen. Maßeinheit ist das Hertz.

GEN

Abschnitt auf dem DNA-Molekül, in dem innerhalb jeder Zelle die Erbinformationen gespeichert sind.

GLASFASERKABEL

Aus feinen Glasfasern bestehendes Kabel, durch das Daten in Form von Lichtimpulsen übertragen werden. Glasfasern können viel größere Datenmengen gleichzeitig transportieren als Kupferkabel.

GLEICHSTROM

Elektrischer Strom, der seine Flussrichtung nicht verändert.

Batterien und Solarzellen z. B. liefern Gleichstrom, aus der Steckdose dagegen kommt Wechselstrom.

GPS

Ein erdumspannendes System von Satelliten zur Navigation (Positionsbestimmung).

GRUNDFARBEN

Alle Farbtöne lassen sich aus drei Farben zusammensetzen, nämlich aus Gelb, Magenta (Rosarot) und Cyan (Blaugrün). Auch auf dem Bildschirm, wo sich farbiges Licht mischt, können alle Farben aus nur drei Grundfarben entstehen. Hier sind es Rot, Grün und Blauviolett.

HALBLEITER

Materialien mit besonderen Eigenschaften. Ihre elektrische Leitfähigkeit kann man steuern, sodass sie als elektrische Ventile (Dioden) oder elektrische Schalter und Verstärker (Transistoren) einsetzbar sind. Zudem erzeugen manche dieser Materialien bei Stromfluss Licht, was man zur Herstellung von Leuchtdioden und Bildschirmen nutzt.

HERTZ

Die Maßeinheit der Frequenz. Ein Hertz entspricht einer Schwingung pro Sekunde.

HYDRAULIK

Das Übertragen und Verstärken von Druckkräften mittels Öl in Leitungen oder Zylindern mit Kolben

INDUKTION

Die Erscheinung, dass ein wechselndes Magnetfeld in einem Draht elektrischen Strom erzeugt. Es funktioniert auch, wenn man den Draht (oder eine Drahtspule) vor einem festen Magneten bewegt. Induktion wird in Elektromotoren, Generatoren, Transformatoren sowie berührungslosen Ladegeräten genutzt.

INFRAROTLICHT

Licht mit Frequenzen niedriger als die des sichtbaren Lichts. Es ist für uns unsichtbar, starke Infrarotstrahlen spüren wir aber als Wärmestrahlung.

ISOLATOR

Material, das den elektrischen Strom nicht leitet, etwa Kunststoffe, Glas, Porzellan.

KOLBEN

Meist rundes Maschinenteil, das sich in einer genau dazu passenden Röhre (dem Zylinder) bewegt.

KONKAV

So nennt man Glaslinsen mit nach innen gewölbter Oberfläche. Merksatz: Man kann Kaffee hineinfüllen.

KONVEX

Bezeichnung für Glaslinsen mit nach außen gewölbter Oberfläche. Sie können einen Lichtstrahl auf einen Punkt konzentrieren.

LASER

Gerät zum Erzeugen von einfarbigem Licht. Laserstrahlen geringer Intensität, etwa für Laserscanner, Laserdrucker, Laser-Entfernungsmessgeräte, Laserpointer oder zum Übertragen von Daten per Glasfaserkabel, kann man mit einer bestimmten Art Leuchtdioden erzeugen. Es gibt aber auch Geräte, die intensiveres Laserlicht ausstrahlen. Sie werden in der Medizin für schonende Schnitte bei Operationen verwendet oder auch zum Schneiden von Metallblechen in der Industrie.

LEITER

Gemeint sind meist elektrische Leiter. Sie transportieren gut den Strom. Dazu zählen unter anderem alle Metalle, in geringerem Maße auch Salzlösungen und Säuren.

MAGNET

Gegenstand, der Eisen anzieht und andere Magnete anziehen oder abstoßen kann. Die Enden eines Magneten nennt man Nordpol und Südpol. Gleichnamige Pole stoßen sich ab, ungleichnamige ziehen sich an. Dauermagnete behalten ihre Kraft immer, Elektromagnete nur bei Stromfluss.

MAGNETFELD

Ein Magnet erzeugt in seiner Umgebung ein sogenanntes Magnetfeld. Innerhalb eines solchen Magnetfelds wirkt eine auf einen anderen Magneten, einen magnetisierbaren Gegenstand oder eine bewegungselektrische Ladung anziehende oder abstoßende Kraft. Sehen kann man so ein Feld nicht, man kann aber seine Wirkung z. B. durch eine Kompassnadel, die sich nach der Richtung des Magnetfelds ausrichtet, beobachten.

MEMBRAN

Scheibe aus dünnem, biegsamem und leicht schwingfähigem Material

MIKROFON

Gerät zum Umwandeln von Schall (Luftschwingungen) in Schwankungen elektrischen Stroms

MIKROWELLEN

Radiowellen sehr hoher Frequenz. Sie werden in Mikrowellenherden zum Erwärmen von Speisen genutzt, aber auch etwa in Radargeräten und zur Datenübertragung zwischen elektronischen Geräten (Bluetooth, WLAN).

MOLEKÜL

Gebilde aus mehreren (gleichen oder unterschiedlichen) Atomen, die fest aneinandergebunden sind. Wasser z. B. besteht aus Wassermolekülen, die je ein Sauerstoffatom und zwei Wasserstoffatome enthalten. Es gibt aber auch Moleküle aus Millionen Atomen.

NEUTRON

Winziges Teilchen, das zusammen mit Protonen in fast allen Atomkernen vorkommt. Anders als Protonen sind Neutronen nicht elektrisch geladen.

NOCKEN

Eine Erhebung an einer Welle, die während der Wellendrehung ein anderes Maschinenteil bewegt. So steuern die Nocken der Nockenwelle im Automotor die Ventile.

PIXEL

Anderes Wort für Bildpunkte. Aus einzelnen Bildpunkten bestehen gedruckte oder auf Bildschirmen dargestellte Bilder. Je mehr Bildpunkte pro Quadratzentimeter es hat, desto schärfer ist das Bild.

PROTON

Winziges Teilchen, das meist zusammen mit Neutronen den Atomkern bildet. Es trägt eine positive elektrische Ladung.

RADIOAKTIVITÄT

Die Atomkerne mancher chemischer Elemente sind instabil und zerfallen in kleinere Kerne. Dabei senden sie je nach Art energiereiche Teilchen aus oder ebenfalls sehr energiereiche, Materie durchdringende Gammastrahlung. In kleinen Mengen kommt Radioaktivität in der Natur vor; auch unsere Körper strahlen von Natur aus und im Erdinnern erzeugen radioaktive Stoffe einen Teil der Erdwärme. Stärkere radioaktive Strahlung aber ist für Lebewesen gefährlich oder sogar tödlich.

RADIOWELLEN

Elektromagnetische Wellen niedriger Frequenz. Sie werden vor allem zum Übertragen von Radio- und Fernsehprogrammen sowie in Funkgeräten und Handys genutzt.

REFLEXION

Wellen, die auf eine Fläche treffen, werden meist zurückgeworfen – etwa Licht an einem Spiegel oder einer Wand, Radiowellen an einer Metallfläche. Diese Erscheinung nennt man Reflexion.

REIBUNG

Wenn zwei Gegenstände aufeinandergleiten, spürt man eine hemmende Kraft. Das ist die Reibung. Dank ihr halten Schrauben und Nägel und rutschen Schuhe auf der Straße nicht weg. In einem Motor aber kostet sie viel Energie, die sich in nutzlose Wärme verwandelt. Öl oder Seife können die Reibung stark vermindern. Weit kleiner als diese Gleitreibung ist die Rollreibung von Rädern.

RITZEL

Kleines Zahnrad mit wenigen Zähnen

ROTOR

Der sich drehende Teil eines Motors, der fest stehende Teil heißt Stator.

SENSOR

Bauteil, das bestimmte Umwelteigenschaften oder Veränderungen erkennt und (meist elektrisch) weitermeldet. Es gibt unzählige Arten von Sensoren, etwa für Temperatur, Druck, Strahlung, Helligkeit oder die Anwesenheit bestimmter chemischer Stoffe.

SILIZIUM

Chemisches Element, das in reinstem Zustand zu den Halbleitern zählt und wichtigster Rohstoff zur Herstellung von Transistoren und Computerchips ist.

STATISCHER AUFTRIEB

Die entgegen der Schwerkraft wirkende Kraft, die z. B. einen Heißluftballon in der Luft oder eine Luftblase im Wasser aufsteigen lässt und zudem dafür sorgt, dass Schiffe im Wasser schwimmen.

STATOR

Der fest stehende, nicht rotierende Teil eines Motors

STROMKREIS

Elektrischer Strom fließt nur, wenn er nach Durchströmen etwa eines Lämpchens zur Stromquelle zurückfließen kann. Eine solche Anordnung nennt man einen Stromkreis. Diese Eigenschaft ist auch der Grund, warum elektrische Teile wie Batterien oder Stecker zwei Anschlüsse haben. Wird der Stromkreis an irgendeiner Stelle unterbrochen, z. B. durch einen Schalter, stoppt der Stromfluss sofort.

STROMSTÄRKE

Die Stärke, mit der ein bestimmter elektrischer Strom fließt. Die Maßeinheit ist Ampere.

TRÄGHEIT

Das Bestreben jedes Körpers, seinen gegenwärtigen Bewegungszustand beizubehalten – sei es, dass er ruht oder sich gleichförmig bewegt.

TRANSFORMATOR

Gerät zum Umformen von Spannung und Stromstärke eines Wechselstroms. Er besteht aus zwei Drahtspulen unterschiedlicher Windungszahl auf einem gemeinsamen Eisenkern.

ULTRASCHALL

Für uns unhörbarer Schall mit einer hohen Frequenz. Er wird zum Reinigen (etwa von Brillen beim Optiker) benutzt und für medizinische Zwecke, um Bilder aus dem Körperinnern zu gewinnen.

ULTRAVIOLETTLICHT

Licht mit etwas höherer Frequenz als sichtbares Licht. Es enthält mehr Energie als dieses und kann bei genügender Stärke z. B. die Haut schädigen. Manche Substanzen leuchten im Ultraviolettlicht farbig auf, das nennt man Fluoreszenz.

VENTIL

Bauteil, das z. B. Luft, Strom oder Flüssigkeiten nur in einer Fließrichtung durchlässt und in der Gegenrichtung sperrt.

VERSTÄRKER

Gerät zum Vergrößern elektrischer Stromschwankungen. Mikrofone oder Radioantennen etwa liefern nur sehr schwache Ströme. Mittels Transistoren oder Radioröhren kann man sie so verstärken, dass sie etwa einen Lautsprecher treiben können.

VOLT

Maßeinheit der elektrischen Spannung

WATT

Maßeinheit für Leistung. Eine 100-Watt-Glühbirne erzeugt viermal so viel Licht und Wärme wie eine 25-Watt-Lampe. Die Leistung eines elektrischen Stroms kann man errechnen, indem man seine Spannung (in Volt) mit seiner Stromstärke (in Ampere) malnimmt.

WECHSELSTROM

Elektrischer Strom, der seine Richtung und Stärke regelmäßig wechselt. Steckdosenstrom etwa schwingt in einer Sekunde fünfzigmal hin und her.

ZELLE

Kleinste lebende Einheit eines Lebewesens. Manche winzige Lebewesen bestehen aus einer einzigen Zelle, größere wie etwa der Mensch aus Millionen oder Milliarden Zellen, die gezielt zusammenarbeiten.

REGISTER

IMPRESSUM

Umschlaggestaltung von Annika Mittelmeier, München unter Verwendung von drei Illustrationen von Moritz Bludau, Berlin und zwei Vektorgrafiken von Sylverarts Vectors/Shutterstock.com: Kreise und Linien; bashcorpo/deviantart. com: Papier.

Mit Illustrationen von Moritz Bludau, Berlin.

Mit Farbfotografien und Grafiken von Alex/Stock.adobe.com: S.123 o.; Artem Twin/Shutterstock.com: (Zahnräder; bernardbodo/Stock.adobe.com: S. 80; blackday/Stock.adobe.com: S.120 m.; Brad Pict/Stock.adobe.com: S.9 (Block); Chesley/Stock.adobe.com: S.112; Cooler8/Shutterstock.com: Schaltraum; euthymia/ Stock.adobe.com: S. 14; Dan70/ Shutterstock.com: S. 48 u.r.; Digital Genetics/Shutterstock.com: S. 89; Fer Gregory/Shutterstock.com: S. 35 u.r.; fotomek/Stock.adobe.com: S. 93; janvier/Stock.adobe.com: S.121 u.l., u.r.; Jeffrey Schwartz/Stock.adobe.com: S. 83; Lena Wurm/Shutterstock.com: S. 66 u.; Wraks/Shutterstock.com: S.86; Olrat/Stock.adobe.com: S.61; Osterland/ Stock.adobe.com: S. 43; Pogorelova Olga/Shutterstock.com: S. 20 u.r.; Sharpshot/Stock.adobe.com: S. 6 ff. Papier- hintergrund; stokkete/Stock.adobe.com: S.117; Thongsuk Atiwannakul/Shutterstock.com: S.66; Vadim Ratnikov/ Shutterstock.com: S. 47 m.; vectorpocket/Stock.adobe.com: S. 9 (Stift); Vlad Kochelaesvskiy/stock.adobe.com: S.148 und Annika Mittelmeier, München: alle übrigen.

Unser gesamtes lieferbares Programm und viele weitere Informationen zu unseren Büchern, Spielen, Experimen- tierkästen, DVDs, Autoren und Aktivitäten findest du unter **kosmos.de**

Haftungsausschluss: Alle Angaben in diesem Buch erfolgen nach bestem Wissen und Gewissen. Sorgfalt in der Um- setzung ist indes dennoch geboten. Der Verlag und Autor übernehmen keinerlei Haftung für Personen-, Sach-, oder Vermögensschäden, die aus der Anwendung der vorgestellten Materialien und Methoden entstehen können.

Gedruckt auf chlorfrei gebleichtem Papier.

© 2018 Franckh-Kosmos Verlags-GmbH & Co. KG, Stuttgart.
Alle Rechte vorbehalten
ISBN 978-3-440-15272-0
Redaktion: Franka Nickel
Gestaltung und Satz: Annika Mittelmeier, München
Produktion: Verena Schmynec
Druck und Bindung: FIRMENGRUPPE APPL, aprinta druck, Wemding
Printed in Germany / Imprimé en Allemagne

Entdecke die kleinen Wunder!

Mit dem Mikroskopie-Standardwerk für Kinder

Annerose Bommer

KOSMOS

MIKROSKOPIEREN
ENTDECKEN · STAUNEN · WISSEN

64 Seiten, ca. €/D 9,99
ISBN: 978-3-440-15800-5

Inklusive Mikroskopieren digital – Mikro- und Makrofotos mit dem Smartphone.

- Wie funktioniert ein Mikroskop?
- Was kann man damit entdecken?
- Wie sind Einzeller, Mineralien, Pflanzen und Tiere aufgebaut?

Komm mit auf eine faszinierende Reise ins Reich der kleinen Wunder!
Dieses Buch erklärt dir den Umgang mit einem Mikroskop und welche Materialien du zum Mikroskopieren benötigst. Schritt für Schritt wird gezeigt, wie du dir deine ersten Präparate selbst herstellen kannst und welche Mikro-Abenteuer im Haus und in der Natur auf dich warten.

ab 8 Jahren